医疗器械生产质量管理规范检查指南

第一册

国家药品监督管理局医疗器械监督管理司
国家药品监督管理局食品药品审核查验中心　组织编写

中国健康传媒集团
中国医药科技出版社

图书在版编目（CIP）数据

医疗器械生产质量管理规范检查指南 . 第一册 ／ 国家药品监督
管理局医疗器械监督管理司，国家药品监督管理局食品药品审核
查验中心组织编写 . -- 北京：中国医药科技出版社，2019.1
ISBN 978-7-5067-9890-7

Ⅰ. ①医… Ⅱ. ①国… ②国… Ⅲ. ①医疗器械 – 产品质量 – 质量管
理 – 规范 – 中国 – 指南 Ⅳ. ①TH77-65

中国版本图书馆CIP数据核字（2018）第 011199号

美术编辑　陈君杞

版式设计　　大溪方圆

出版　　中国健康传媒集团｜中国医药科技出版社
地址　　北京市海淀区文慧园北路甲 22 号
邮编　　100082
电话　　发行：010-62227427　　邮购：010-62236938
网址　　www.cmstp.com
规格　　787 × 1092mm ¹⁄₁₆
印张　　14
字数　　245 千字
版次　　2019 年 1 月第 1 版
印次　　2024 年 4 月第 4 次印刷
印刷　　北京盛通印刷股份有限公司
经销　　全国各地新华书店
书号　　ISBN 978-7-5067-9890-7
定价　　**118.00 元**

《医疗器械生产质量管理规范检查指南》
第一册

编 委 会

编写单位： 国家药品监督管理局医疗器械监督管理司

国家药品监督管理局食品药品审核查验中心

主　　编： 孙　磊

副主编： 石　磊

编　　者：（按姓氏笔画为序）

王　昕　王　辉　王延伟　王奇志　王爱君

尹宏文　田少雷　李一捷　李新天　肖江宜

汪　娴　沈　沁　徐凤玲　郭　准　梁长玲

臧克承

编 者 的 话

医疗器械是关系到人民生命健康安全的特殊产品,医疗器械的安全性、有效性直接关系到公众的健康和安全。近年来,随着医疗器械产业的快速发展,医疗器械新产品层出不穷,产品结构和医疗器械生产的组织模式也在发生巨大改变,医疗器械生产监管工作面临新的压力和挑战,对监管队伍能力和监管人员业务水平提出了更高的要求。

为贯彻《医疗器械监督管理条例》(国务院令第650号),更好地实施《医疗器械生产质量管理规范》,提高我国医疗器械质量管理体系检查工作整体水平,加强医疗器械监管队伍能力建设,国家药品监督管理局医疗器械监督管理司和食品药品审核查验中心组织专家,在总结近年来我国医疗器械质量管理体系检查工作基础上,编撰了《医疗器械生产质量管理规范检查指南》两册。

本书从技术层面结合我国多年来医疗器械监管实践,借鉴国外的先进经验,针对监管工作的实际需要,详细阐述了医疗器械生产质量管理规范的具体要求、检查要点、检查方法和检查技巧,以及常见问题和案例分析,对检查员实施现场检查具有很好的指导和借鉴作用。希望《医疗器械生产质量管理规范检查指南》的出版有助于医疗器械检查员、医疗器械监督管理人员、医疗器械生产企业人员更好地把握监管要求,使我国医疗器械监督管理工作迈上新的水平。

国家药品监督管理局医疗器械监督管理司

国家药品监督管理局食品药品审核查验中心

前　　言

　　医疗器械质量体系管理,是实现对医疗器械生产全过程控制,降低产品风险,保障医疗器械安全有效的重要手段,也是世界各国普遍采用的管理方式和国际上评价医疗器械质量的一项基本内容,医疗器械产品质量在很大程度上取决于其生产企业质量体系完善水平,随着我国医疗器械产业迅猛发展,对医疗器械生产企业监管,特别是对生产企业质量管理体系提出了更高要求,实施《医疗器械生产质量管理规范》,确保医疗器械生产全过程的监管,对提高医疗器械产品质量至关重要,同时也是保障公众用械安全、改进监管方式、提高监管效率的重要举措。《医疗器械监督管理条例》(国务院令第650号)明确提出,生产企业应当按照医疗器械生产质量管理规范要求,建立健全与所生产医疗器械相适应的质量管理体系并保持其有效运行。按照《医疗器械监督管理条例》,原国家食品药品监督管理总局对《医疗器械生产质量管理规范》进行了修订,于2014年12月29日公告发布。

　　《医疗器械生产质量管理规范》是对所有医疗器械生产企业质量管理体系的通用要求,考虑到不同品种的医疗器械风险差异大、生产工艺各不相同的特点,原国家食品药品监督管理总局又针对不同类别医疗器械生产的特殊要求,制定了细化的具体规定,并以附录的形式加以明确,包括《医疗器械生产质量管理规范　附录　无菌医疗器械》、《医疗器械生产质量管理规范　附录　植入性医疗器械》、以及《医疗器械生产质量管理规范　附录　体外诊断试剂》等附录,同时还制定了相应的现场检查指导原则。

　　为切实做好《医疗器械生产质量管理规范》的实施工作,理解和把握相关要求,国家药品监督管理局医疗器械监督管理司和审核查验中心组织专家编写了《医疗器械生产质量管理规范检查指南》第一册和第二册,为医疗器械生产质量管理规范的实施提供全面、深入、实用的科学参考。

　　《医疗器械生产质量管理规范检查指南》(第一册)是根据《医疗器械生产质量管理规

范》对所有医疗器械生产企业质量管理体系的通用要求编写。按照各章节内容，从概述、条款检查指南、注意事项、常见问题和案例分析等几大方面进行了详细阐述。概述是对全章内容的详细解读，包括起草目的与原则、背景知识、本章所涵盖的基本内容与难点、本章内容的适用范围等；条款检查指南包括条款解读、该条款的检查要点、检查方法和技巧等，注意事项是对本章需要关注内容的重点说明；常见问题和案例分析通过对检查中典型案例分析，帮助检查员更好地把握该条款，同时每章还附有一定思考题，供广大读者参考。

本书在编写过程中，得到了各有关单位和领导的大量支持，有关专家分别承担了本书各章节的编写工作。《医疗器械生产质量管理规范检查指南》（第一册）中概论和第一章由国家药品监督管理局食品药品审核查验中心郭准撰写；第二章和第六章由江苏省食品药品监督管理局李新天撰写；第三章和第十一章由苏州市食品药品监督管理局沈沁、汪娴撰写；第四章和第九章由济南医疗器械监督检验中心王延伟撰写；第五章由国家药品监督管理局食品药品审核查验中心田少雷撰写；第七章和第十章由北京市医疗器械技术审评中心王辉撰写；第八章由上海市食品药品监督管理局认证审评中心徐凤玲撰写；第十二章由天津市市场和质量监督管理委员会梁长玲撰写。

《医疗器械生产质量管理规范检查指南》（第一册）的编写得到了国家药品监督管理局相关司局以及部分省局的大力支持，在此，谨对关心和支持本书编写的各级领导和专家表示衷心的感谢！

《医疗器械生产质量管理规范检查指南》涉及内容广泛，虽经努力，但仍有许多不足之处，恳请专家和广大读者不吝赐教。

编　者

2018 年 10 月

目　　录

概　论

一、医疗器械质量管理体系监管背景

医疗器械质量体系管理是实现对医疗器械生产全过程控制,保障医疗器械安全有效的重要手段,也是世界各国普遍采用的管理方式和国际上评价医疗器械质量的基本内容,发达国家把对质量体系审查作为产品能否进入市场的一个重要前提。美国在 1938 年经国会批准了《食品、药品和化妆品法》,开始通过立法对药品、食品、化妆品、医疗器械等进行监督管理。1976 年美国国会正式通过了《食品、药品和化妆品法》修正案,加强了对医疗器械进行监督和管理的法规,1978 年美国施行"医疗器械生产质量管理规范"(GMP),1996 年对质量体系单独立法,公布了"医疗器械质量管理体系规范"(QSR),作为强制执行的要求。欧盟在三个医疗器械指令中明确规定质量保证体系要求,包括全面质量保证体系、生产质量保证体系、产品质量保证体系,并将其作为产品上市前控制的主要手段。日本从1999 年将《医疗用具 GMP》确定为核发许可证的必要条件。加拿大医疗器械生产商必须持有医疗器械许可证生产用来销售的 2 类、3 类、4 类医疗器械。澳大利亚对医疗器械生产企业产品,登记注册时实施 GMP 检查,并在上市后管理中,主要进行 GMP 监督,以保证产品的质量。借鉴发达国家实施质量体系管理的管理经验,有利于提高我国医疗器械监管水平。

我国医疗器械质量体系要求是伴随质量认证活动发展起来的。1987 年,国际标准化组织(ISO)成立 TC176 技术委员会,颁布 ISO9000 系列标准。1988 年我国颁布了等效采用 ISO9000 系列标准的国家标准 GB/T10300 系列,1992 年等同采用 ISO9000 系列标准,同时成立统一的认证管理机构。1996 年 ISO 又发布 ISO13485、13488 医疗器械质量管理体系标准。国家医药管理局于 1996 年等同采用并发布 YY/T0287/ISO13485、YY/T0288/ISO13488 两个行业标准,实施质量体系考核制度。1996 年,国家医药管理局发布《医疗器械注册管理办法》(16 号令)明确规定"第二类、第三类医疗器械产品准产注册时应提交

1

企业质量体系现状报告或企业质量体系考核证明"。2000年《医疗器械监督管理条例》(以下简称《条例》)的发布实施,医疗器械监管走上了法制化轨道,相继发布了《医疗器械生产企业监督管理办法》《医疗器械注册管理办法》《医疗器械生产企业质量体系考核办法》等相关配套规章,标志着我国医疗器械监督管理法规体系日趋完善,也正式将医疗器械质量体系纳入到依法监管的轨道。

2000年,国家局发布了《医疗器械生产企业质量体系考核办法》(局令第22号)。22号令是国家局首次发布医疗器械质量体系考核要求的部门规章,注重将质量体系考核工作同产品注册审批相结合,明确将质量体系考核报告作为准产注册申报的必备文件。通过几年的实施,对推动医疗器械生产企业的质量管理、质量意识的提高发挥了积极作用。2001年,国家药品监督管理局制定发布了《一次性使用无菌医疗器械产品(注、输器具)生产实施细则》(国药监械[2001]288号),为遏制一次性使用无菌医疗器械生产低水平重复,假冒伪劣产品充斥市场的状况,起到了极大促进作用。2002年《外科植入物生产实施细则》和《一次性使用麻醉穿刺包生产实施细则》相继发布实施,提高了生产企业的准入条件,细化了质量体系的具体要求。

随着医疗器械企业的不断发展,医疗器械新产品层出不穷,产品结构和医疗器械生产的组织模式也在发生巨大改变,按照原有监管模式已不适应新的监管需求,特别是质量体系监管措施应更加科学和系统,为此2003年,全国医疗器械监督管理工作会议上,国家食品药品监督管理局提出了制定《医疗器械生产质量管理规范》的工作规划,明确了《医疗器械生产质量管理规范》制定应结合我国医疗器械监管法规和企业现状,借鉴国际实施医疗《医疗器械生产质量管理规范》和质量体系管理经验,汲取实施药品GMP经验,并以《医疗器械　质量管理体系　用于法规的要求》(YY/T0287)标准作为制定相关文件的基本原则。随后国家局启动了《医疗器械生产质量管理规范》制定的相关工作,通过大量国内、国际调研和论证,并经45家生产企业试点工作,对《医疗器械生产质量管理规范》以及无菌和植入性医疗器械实施细则等配套文件的制定和实施开展了卓有成效的工作。2009年12月,国家食品药品监督管理局发布了《医疗器械生产质量管理规范(试行)》《医疗器械生产质量管理规范无菌医疗器械实施细则和检查评定标准(试行)》《医疗器械生产质量管理规范植入性医疗器械实施细则和检查评定标准(试行)》《医疗器械生产质量管理规范检查管理办法》等一系列文件,并自2011年1月1日起开始在无菌和植入性医疗器械生产企业中贯彻和实施。从医疗器械质量体系相关监管文件的出台,到《医疗器械生产质量管理规范》的正式实施,前后共经历了十余年的时间,这一历程反映了我国医疗器械质量管理体系的整体发展概况,也表明了我国医疗器械监管水平和产品质量保障能力不断提升的过程。

二、《医疗器械生产质量管理规范》的修订和发布

新修订的《医疗器械监督管理条例》(国务院令第 650 号)(以下简称《条例》) 于 2014 年 2 月 12 日经国务院常务会议审议通过,2014 年 6 月 1 日起施行。随着新《条例》) 的颁布和实施,对医疗器械生产企业提出了新的条件和要求。按照新《条例》的要求,对《医疗器械生产质量管理规范》进行修改和补充,将会更有效的保障《条例》的贯彻和实施,以在新形势下更好地发挥《医疗器械生产质量管理规范》的作用。

新《条例》提出,生产企业应当按照医疗器械生产质量管理规范的要求建立健全与所生产医疗器械相适应的质量管理体系并保持有效运行;按医疗器械生产质量管理规范进行医疗器械生产企业生产许可核查;医疗器械生产质量管理规范应当对医疗器械的设计开发、生产设备条件、原材料采购、生产过程控制、企业的机构设置和人员配备等影响医疗器械安全、有效的事项作出明确规定。按照《条例》的要求,国家食品药品监督管理总局对《医疗器械生产质量管理规范》进行了修订,增加了《条例》中提出的新要求,并结合实施过程中总结的经验和问题补充和完善。此次修订主要体现在:对章节总体结构进行了调整,根据《条例》增加的新要求,对《医疗器械生产质量管理规范》各章节的名称和内容进行了调整,将原第二章管理职责、第三章资源管理修改为第二章机构与人员、第三章厂房与设施、第四章设备;第八章监视与测量修改为质量控制;第九章销售和服务修改为销售和售后服务;将第十一章顾客投诉和不良事件监测内容与第十二章分析和改进内容进行了整合。

2014 年 12 月,国家食品药品监督管理总局以第 64 号公告发布了新修订的《医疗器械生产质量管理规范》。修订后《医疗器械生产质量管理规范》全文共十三章,八十四条,包括第一章总则、第二章机构与人员、第三章厂房与设施、第四章设备、第五章文件管理、第六章设计开发、第七章采购、第八章生产管理、第九章质量管理、第十章销售和售后服务、第十一章不合格品控制、第十二章不良事件监测、分析和改进、第十三章附则。

新修订《医疗器械生产质量管理规范》是对生产质量管理体系的总体要求,在《医疗器械生产质量管理规范》第八十条提出,国家食品药品监督管理总局针对不同类别医疗器械生产的特殊要求,制定细化具体规定。这是根据产品特点和风险程度提出的,对于无菌医疗器械、植入性医疗器械、体外诊断试剂等产品,由于其特殊性有别于一般医疗器械产品,国家局在制定全面实施《医疗器械生产质量管理规范》规划时,提出了制定实施《医疗器械生产质量管理规范》的一系列配套文件,即(1+X)模式,1 为所有医疗器械产品的通用要求,X 为根据不同类别医疗器械产品特殊要求而制定的附录。这些专属性要求在

《医疗器械生产质量管理规范》基础上,结合不同品种的医疗器械风险差异、生产工艺各不相同的特点,以附录的形式加以明确,从而保障《医疗器械生产质量管理规范》的有效实施,确保医疗器械产品的质量。2015年7月,国家食品药品监督管理总局发布了《医疗器械生产质量管理规范附录无菌医疗器械》(2015年第101号公告)、《医疗器械生产质量管理规范附录植入性医疗器械》(2015年第102号公告)以及《医疗器械生产质量管理规范附录体外诊断试剂》(2015年第103号公告)等3个附录。

为加强医疗器械生产监督管理,指导监管部门对医疗器械生产企业实施《医疗器械生产质量管理规范》及其相关附录的现场检查和对检查结果的评估,根据《医疗器械生产质量管理规范》及其相关附录,国家食品药品监督管理总局于2015年9月以食药监械监〔2015〕218号文印发了《医疗器械生产质量管理规范现场检查指导原则》《医疗器械生产质量管理规范无菌医疗器械现场检查指导原则》《医疗器械生产质量管理规范植入性医疗器械现场检查指导原则》《医疗器械生产质量管理规范体外诊断试剂现场检查指导原则》。指导原则用于指导监管部门对医疗器械生产企业实施《医疗器械生产质量管理规范》及相关附录的现场检查和对检查结果的评估,适用于医疗器械注册现场核查、医疗器械生产许可(含延续或变更)现场检查,以及根据工作需要对医疗器械生产企业开展的各类监督检查。

(郭 准)

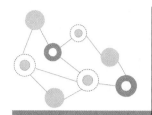

第一章

总　则

一、概述

　　医疗器械是关系到人民生命健康、安全的特殊产品。国家一直重视医疗器械产品的质量，制定发布了一系列法规规章，运用多种方法和途径强化对医疗器械的监督管理，以确保其安全、有效、质量可控。医疗器械产品的提供者是生产企业，因此，规范医疗器械生产企业行为，确保企业持续稳定提供符合顾客要求和法规要求的医疗器械产品，是从源头保障医疗器械安全有效的关键环节。为此，国家食品药品监督管理总局依据我国医疗器械监管法规，参考发达国家实施医疗器械质量体系管理的经验，结合我国医疗器械生产行业的实际情况，制定发布了我国《医疗器械生产质量管理规范》。《医疗器械生产质量管理规范》的全面实施将不断提高我国医疗器械生产企业的质量管理水平，保证医疗器械产品质量，促进医疗器械产业的健康发展。

　　《医疗器械生产质量管理规范》第一章"总则"是整部规范的纲领性规定，阐述了该规范制定的目的、法律依据、适用范围和对企业实施规范的整体要求以及实施风险管理的特殊要求。

二、条款检查指南

　　第一条　为保障医疗器械安全、有效，规范医疗器械生产质量管理，根据《医疗器械监督管理条例》（国务院令第 650 号）、《医疗器械生产监督管理办法》（国家食品药品监督管理总局令第 7 号），制定本规范。

■ 条款解读

本条款从法律角度明确了《医疗器械生产质量管理规范》制定的目的和法律依据。本规范的制订目的是"保障医疗器械安全、有效,规范医疗器械生产质量管理"。制订依据是国家医疗器械监管的最高法规《医疗器械监督管理条例》,以及国家食品药品监督管理总局部门规章《医疗器械生产管理办法》。

2014 年 3 月 7 日国务院颁布了《医疗器械监督管理条例》(修订),2014 年 6 月 1 日起施行,第二十三条规定"医疗器械生产质量管理规范应当对医疗器械的设计开发、生产设备条件、原材料采购、生产过程控制、企业的机构设置和人员配备等影响医疗器械安全、有效的事项作出明确规定"。第二十四条规定"医疗器械生产企业应当按照医疗器械生产质量管理规范的要求,建立健全与所生产医疗器械相适应的质量管理体系并保持其有效运行。"

按照新《条例》要求,国家食品药品监督管理总局 2014 年发布的《医疗器械生产监督管理办法》(总局令第 7 号),第十条提出"医疗器械生产企业许可,要按照医疗器械生产质量管理规范的要求开展现场核查"。第三十八条规定"医疗器械生产企业应当按照医疗器械生产质量管理规范的要求,建立质量管理体系并保持有效运行。"因此,制定医疗器械生产质量管理规范应当以《条例》为依据,确保医疗器械生产质量管理规范和相关法规的一致性,确保医疗器械生产质量管理规范的有效性。

　　第二条　医疗器械生产企业(以下简称企业)在医疗器械设计开发、生产、销售和售后服务等过程中应当遵守本规范的要求。

■ 条款解读

本条款规定了《医疗器械生产质量管理规范》的适用范围,应当涵盖医疗器械产品实现的全过程,包括设计开发、生产、销售和售后服务等环节。

《医疗器械生产质量管理规范》是为规范医疗器械生产企业的行为,确保生产企业持续稳定提供符合规定要求的医疗器械产品。因此,生产企业应当是规范实施的主体和第一责任人。

我国的《医疗器械生产质量管理规范》是以 ISO13485-2003《医疗器械　质量管理体系　用于法规的要求》标准为蓝本制订的,因此,贯彻了 ISO13485 的质量管理原则和质量管理方法。《医疗器械生产质量管理规范》从第二章到第十二章提出了生产质量管理的基本准则,也是医疗器械生产企业的基本要求,一个医疗器械产品的完成,要经历设计开发、生产、安装、销售、服务全过程,而这些过程中必须要贯彻《医疗器械生产质量管理规范》的基本准则。

有些生产企业或许会将部分环节,例如设计开发工作与科研院校合作完成,或将部分生产、安装、销售、服务外包第三方,这些合作或外包过程也应当符合《医疗器械生产质量管理规范》的相应要求。

> **第三条** 企业应当按照本规范的要求,结合产品特点,建立健全与所生产医疗器械相适应的质量管理体系,并保证其有效运行。

■ 条款解读

本条款是对企业实施本规范的总要求,即要建立健全与所生产医疗器械相适应的质量管理体系,并保证其有效运行。特别强调在建立质量体系时要结合产品的特点,建立健全质量管理体系并保持有效运行是实现对医疗器械生产全过程控制,降低产品风险,保障医疗器械安全有效的重要举措。医疗器械的质量在很大程度上取决于生产企业质量体系完善水平,任何医疗器械生产企业,不论规模大小,都应当重视并建立质量管理体系。实践证明,这是医疗器械生产企业提高产品质量,保证器械安全有效的根本手段。

ISO 国际标准化组织制定发布了质量管理体系的标准——ISO9001:2000 标准和 ISO13485:2003 标准,前者是适用于各行各业的通用标准,后者是适用于医疗器械的专用标准。我国已将 ISO13485:2003 标准等同转化为行业标准 YY/T0287-2003《医疗器械 - 质量管理体系 - 用于法规的要求》。随着新一轮科技产业革命的兴起,对医疗器械产业产生了重大影响,特别是全球市场一体化进程的提速,导致医疗器械产业链延伸和日趋复杂,包括中国在内的世界很多国家都对医疗器械法规进行了调整和修改。国际标准化组织于 2016 年 3 月 1 日发布 ISO13485:2016《医疗器械 质量管理体系 用于法规的要求》,国家食品药品监督管理总局密切跟踪修订进程,于 2017 年 1 月 19 日发布 YY/T0287-2017《医疗器械 质量管理体系 用于法规的要求》,等同采用了 ISO13485:2016 标准。ISO9000标准把"管理体系"定义为"建立方针和目标并实现目标的体系","体系"则是"相互关联或相互作用的一组要素"。组织机构、过程、程序、资源就是构成体系的要素。一个组织的管理体系可以包括多个方面,如环境管理系统、财务管理体系、质量管理体系。他们有不同的目标和职能,但都在一个组织内同时存在、协调运行,质量管理是企业诸多管理活动的一个方面。

质量管理体系就是在质量方面指挥和控制组织的管理体系。对质量管理的认识可以包括：建立保持质量管理体系是为了能够持续向社会提供符合要求的产品和服务，进而实现组织目标，得以生存和发展。由于提供的产品不同，面向的客户不同，企业自身情况也不同，因此管理体系也各不相同。质量管理体系既要能满足法规要求和顾客要求，又要能满足自身的需求。同时建立和完善质量管理的关键是最高管理者，其在质量管理体系中起主导作用。质量管理体系的建立和完善是一个动态的过程，不会一劳永逸，随着组织的发展、客户要求的提高、法规的完善等，改进是永无止境的。一个有效的质量管理体系能够促进产品质量和总体业绩的提高。虽然质量管理体系的基本原则要求是一致的，但是针对不同的企业，不同产品类别的企业，不同的生产规模和不同的风险程度，各企业在建立质量体系时必须结合实际，有所区别，不能强求一律，更不能完全照搬别人的模式。

ISO9000 中提出的八项质量管理原则，是成功企业质量管理的经验总结，是质量活动中普遍适用的理念和原则，八项质量管理原则主要包括：①以顾客为关注焦点；②领导作用；③全员参与；④过程方法；⑤管理的系统方法；⑥持续改进；⑦基于事实的决策方法；⑧与供方互利的关系。这八项质量管理原则既是 2000 年版 ISO9000 族标准的理论基础，也是 2003 年版 ISO13485 标准的理论基础。

ISO13485 是针对医疗器械的标准。由于医疗器械是涉及人体生命安全和健康的产品，医疗器械安全有效是其基本质量特性，因此对医疗器械质量管理体系的过程、程序等提出了特定要求。医疗器械质量管理体系具有以下特点。

1. 医疗器械质量管理体系要满足安全有效的要求

安全有效是医疗器械的基本质量特性，医疗器械质量管理体系的策划、建立和保持要围绕实现产品安全有效来进行，这是医疗器械质量管理体系相对于其他通用质量管理体系的特点要求。

2. 医疗器械质量管理体系要符合法规要求

为确保医疗器械安全有效，各国政府都制定发布了一系列法规，企业在策划医疗器械质量体系时必须和医疗器械法规相结合，符合法规要求，以确保医疗器械质量管理体系运行的有效性。

3. 医疗器械质量管理体系包含风险管理

医疗器械在正常状态和故障状态下都存在风险，为了管理和控制风险，使医疗器械的风险降低到可接受水平，在医疗器械设计开发、生产、服务和使用的医疗器械寿命周期的各个过程都要实施风险管理。

4. 应根据医疗器械产品特点建立和保持医疗器械质量管理体系

医疗器械是多学科交叉、多技术融合的产业，不同的医疗器械其原理、结构、性能材料、生产工艺有巨大差异,各个企业的质量管理体系亦不会千篇一律,但是按照质量体系的要求,建立良好的规范,确保产品安全有效的宗旨是一致的。建立医疗器械质量管理体系既是有效利用监管资源做好监管工作的需要,也是从实际出发,有利于产业发展的需要,企业一定要根据自身生产的医疗器械特点和实际情况,策划建立和保持质量管理体系。同时不能认为建立了质量体系即可,还应当保持其有效运行,才能真正达到建立质量管理体系的目的,通过质量管理体系的有效运行确保医疗器械的安全有效。

> **第四条** 企业应当将风险管理贯穿于设计开发、生产、销售和售后服务等全过程,所采取的措施应当与产品存在的风险相适应。

■ **条款解读**

本条款是对企业在质量管理体系建立和产品实现全过程实施风险管理的要求。

风险管理是与医疗器械质量管理体系有关活动和要求中的一个关键要求,是确保医疗器械安全有效的必不可少的条件。风险管理应贯穿于医疗器械生命周期的所有阶段。医疗器械质量管理体系的建立,在很大程度上是为降低医疗器械的风险,任何医疗器械在其整个寿命周期之内,都会以一定的概率发生故障,而这些故障都会给患者、使用者或环境带来或大或小的风险,这都是难以用医疗器械的安全标准来进行控制的,为此必须对医疗器械在其整个寿命周期内进行风险管理,只有进行风险管理,才能知道风险的大小,并根据法律法规要求,市场需求等制定风险的可接受准则,对风险加以控制;只有进行风险管理,才能对器械安全性做出判断,决定医疗器械对预期用途的适宜性,因此,风险管理是研制和生产医疗器械必不可少的关键过程。

医疗器械的风险管理,国际标准化组织 210 技术委员会(ISO/TC210)制定了 ISO14971《医疗器械 风险管理对医疗器械的应用》,我国医疗器械质量管理和通用要求标准化技术委员会将该标准等同转化为医药行业标准 YY/T0316,该标准适用于任何医疗器械产品。我国医疗器械监管法规对风险管理的要求日益提高,《条例》《医疗器械注册管理办法》《医疗器械生产监督管理办法》以及本规范都对风险管理提出要求,国际上对风险管理的要求也在逐步加强。为确保医疗器械安全特性的基本要求,医疗器械企业应在产品实现的过程中实施风险管理并形成文件,针对风险管理所进行的活动应保持记录。

根据 ISO14971,风险管理是指"用于风险分析、评价和控制工作的管理方针、程序及其实践的系统运用"。这个定义明确了风险管理是围绕风险分析、分析评估和风险控制活动所开展的风险管理方针、风险管理程序和风险管理实践三者的系统应用。医疗器械风险管理方针是医疗器械风险管理的宗旨和方向,通过医疗器械风险管理将医疗器械风险降低到可接受水平,确保医疗器械持续安全、有效。

风险管理的功能是判定医疗器械的危害,估计和评价风险、控制风险并评价控制的有效性。风险管理的过程包括风险分析、风险评价、风险控制、生产和生产后信息等。另外,风险管理所采取的措施应当与产品存在的风险相适应。对风险管理过程,企业应形成文件,规定产品的风险分析、风险评价、风险控制、上市后生产和生产后信息的要求。在规定风险管理过程要求时,应考虑产品生命周期中设计开发阶段、生产阶段、生产后阶段(包括运输、贮存和使用,直至产品生命终止)各阶段的特点和对产品安全性的影响,明确质量管理体系中关于这些阶段的活动控制要求,即是这些阶段的风险管理。由于生命周期各阶段的过程对产品安全性都有影响,因此,这些阶段都需要考虑风险分析、风险评价,对不可接受的都需要风险控制以降低风险,使产品安全,并使这种安全性保持到产品的生命终止。当然,由于各阶段的过程对产品安全性的影响程度不同,风险管理的侧重点也会有所不同。

为了确保医疗器械安全有效,ISO 和 IEC 制定了一系列与医疗器械有关的通用安全要求标准和医疗器械产品专用安全要求标准。我国已等同转化很多这类医疗器械安全标准,如 GB/T16886《医疗器械生物学评价》系列标准等。这些标准规定了医疗器械的通用和专用安全要求,用以指导医疗器械的设计开发、生产和服务,以达到医疗器械安全有效的目的。另一方面,医疗器械安全性标准基本上未包含医疗器械故障状态下不安全因素,有些标准仅规定了较少的某些单一故障状态的安全要求,而未考虑在医疗器械各种故障状态下的安全要求。我们必须全面认识医疗器械的安全问题,研究和认识医疗器械各种故障发生的概率和各种故障可能造成损害的严重程度,研究和认识医疗器械故障和正常两种状态下的风险,控制这种风险,采取措施将风险降低到可接受水平,这是风险管理的任务。

三、思考题

1.《医疗器械生产质量管理规范》制定的依据及制定目的是什么?

2.《医疗器械生产质量管理规范》是只适用于生产过程吗?

3. 医疗器械质量管理体系中如何体现风险管理的要求?

参考文献

［1］FDA. Quality System Regulation. CFR 21，Part820［R］2009 revised.

［2］YY/T0287-2003/ISO13485：2003 医疗器械 质量管理体系 用于法规的要求［S］. 2003.

［3］YY/T0316-2008/ISO14971：2007 医疗器械 风险管理对医疗器械的应用［S］. 2008.

［4］GB/T 19000-2008/ISO9000：2005 质量管理体系基础与术语 .

（郭　准）

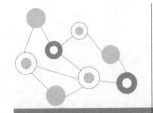

第二章

机构与人员

一、概述

按照《医疗器械生产质量管理规范》总则的要求,医疗器械生产企业必须建立、健全质量管理体系并保持其有效运行。为了达到上述目的,企业应当建立适当的组织结构并配备相应的人员。

根据 GB/T 19000-2008 标准《质量管理体系基础与术语》(以下简称"GB/T 19000-2008")的定义,管理体系是指建立方针和目标并实现这些目标的体系,质量管理体系是指在质量方面指挥和控制企业的管理体系,组织结构(organization structure)是指人员的职责、权限和相互关系的安排。

YY/T 0287-2003 标准《医疗器械 质量管理体系 用于法规的要求》(以下简称"YY/T 0287-2003")虽然没有明示,但通过 5.5 职责、权限与沟通,隐含了对企业组织结构的要求。组织结构的正式表述通常体现在企业质量手册或项目的质量计划中。美国 FDA 在其医疗器械质量管理体系法规(Quality System Regulation)的 820.20(b)部分提出:制造商应当建立并保持一个合适的组织结构,以保证医疗器械的设计和生产符合质量管理体系相关法规要求。组织机构或管理机构是组织结构的有机组成部分。我国《医疗器械生产质量管理规范》第五条对企业组织机构的设立进行了规定:"企业应当建立与医疗器械生产相适应的管理机构,并有组织机构图,明确各部门的职责和权限,明确质量管理职能。"

人员是企业产品实现和建立、运行质量管理体系的重要基础,同时人员也是影响产品质量的最活跃、最难控制的因素。因此人员对企业质量管理体系的建立和有效运行至关重要。企业既要配备足够数量并能胜任工作的人员,还要不断通过培训、教育,提高其工作经验和能力、强化相关人员的质量意识和风险意识。YY/T 0287-2003 在 6.2"人力资源"部分,对企业中影响医疗器械质量的工作人员应当具备的能力(教育、培训、技能、经验)、质量意识与培训提出了明确要求。美国 FDA 医疗器械质量管理体系法规 820.25 部分也明确规定：制造商应配备足够的、具备适当的教育、培训、技能和经验，具有充分质量意识的人员，以保证质量管理体系相关法规的要求得到满足。

《医疗器械生产质量管理规范》第二章主要是对医疗器械生产企业质量体系组织机构设立以及质量体系有关人员职责、资质、能力、意识与培训的要求。

二、条款检查指南

> **第五条**　企业应当建立与医疗器械生产相适应的管理机构，并有组织机构图，明确各部门的职责和权限，明确质量管理职能。生产管理部门和质量管理部门负责人不得互相兼任。

■ 条款解读

本条是对企业质量管理体系中设立管理机构的要求。本条的前半部分要求企业根据其医疗器械生产特点建立管理机构，并通过组织机构图及职责权限分配表等相关文件对管理机构的部门、职责、权限以及质量管理职能等做出明确的规定；本条后半部分则特别强调生产管理部门和质量管理部门负责人应当独立任命，不得相互兼任。由此可以推论：企业应当分别设立生产管理部门和质量管理部门，为了保持两个部门的独立性和有效性，两部门的负责人不能互相兼任。

医疗器械生产企业若要持续、稳定地生产出既符合法规要求，又符合企业质量目标的安全有效的医疗器械，需要建立健全质量管理体系。而质量管理体系的有效运行需要有一个健全的、包括相应部门的管理机构。不同的医疗器械生产企业，其组织形式、生产方式、生产规模、产品复杂程度和风险程度可能大相径庭，其管理机构的设置模式也不宜强求一律。因此，本条并没有对企业管理机构的设置模式和职能部门的数量做出限制性要求，只是原则性地要求企业的管理机构应当"与其医疗器械生产相适应"，也就是说：企业应当综合其生产规模、产品类型与特点、质量方针与质量目标、工艺流程、人员结构等情况来建立管理机构，使可能影响产品质量的所有因素（人、机、料、法、环等）都能够得到有效控制，产品设计、生产、销售和服务的全过程都得到有效管理。管理机构的设置一般应遵循下列原则：任务与目标导向原则、既分工又协调原则、有利于统一指挥原则、有效管理原则、责权利相结合原则、集权与分权相结合原则、稳定性和适应性相结合原则、执行和监督机构分设原则等。无论管理机构如何设置，企业都应确保其质量管理部门能够独立地、不受干扰地履行其质量管理职责。

　　企业的管理机构通常通过其组织机构图来体现其概况。按照本条要求,医疗器械生产企业一般应当设置生产管理部门和质量管理(可含质量检验部门)。此外,多数企业还会设置技术部(或研发部)、采购部、销售部、综合办公室等部门,部门之下还可能再设分部门。例如,在生产部门之下再设工程、仓储、车间等。根据本章第九条"具有相应的质量检验机构或者专职检验人员"要求,规模较大的企业应当设置独立的质量检验(质量控制)机构,而规模较小的企业既可以单独设立质量检验(质量控制)机构,也可以将其与质量保证部门合二为一,或将其设立为质量管理部门的下属机构。图2-1为医疗器械生产企业典型质量管理组织机构图示例。

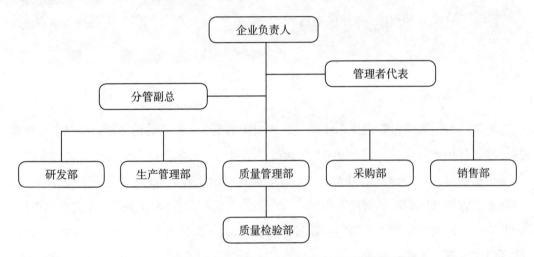

图 2-1　医疗器械生产企业典型质量管理组织机构图示例

　　除了组织机构图外,企业在其质量手册中还应当以文字或列表的形式,明确各部门的职责、权限、质量管理职能以及相互间的关系。企业负责人可以通过任命书的形式,对各管理机构部门负责人及影响质量的关键工作人员进行任命,并明示其职责权限和质量管理职能。

　　生产管理部门是医疗器械质量形成的主要部门,而质量管理部门是医疗器械质量控制、质量监督的重要部门,两者在质量管理职责与权限上存在监督和制约关系,所以生产管理部门和质量管理部门负责人不能互相兼任,以保证医疗器械质量管理风险得到有效的制约与平衡。

　　管理机构职能部门设置及其职责权限的设立中,应注意避免以下现象:与企业规模、产品特点等不匹配;不同职能部门间职责重叠或空缺;职能部门的职责与权限不匹配;组织机构图与质量手册中的相关文字内容不一致;对质量管理部门及其相关人员的授权不充分,不能保证质量管理部门及其相关人员(质量部门负责人、生产部门负责人、检验员、内审员等)能够不受干扰地、独立地履行其质量管理职责。

■ 检查要点

(1) 检查企业是否建立了与其医疗器械生产相适应的管理机构,重点关注其职能部门设置是否符合本条要求,隶属关系是否明确,部门设置与隶属关系是否与企业生产规模、质量目标、生产品种、管理方式等相适应。

(2) 查看企业是否建立了组织机构图,核实企业组织机构图是否明确了各部门间的相互关系;核实企业实际管理机构设置情况是否与其组织结构图一致。

(3) 查看企业的质量手册、程序文件或相关文件,核实是否对各管理机构部门的职责权限和质量管理职能作出了明确规定。

(4) 查看质量管理部门的授权文件,核实是否明确规定质量管理部门能独立行使职能、并对产品质量的相关事宜具有决策的权利。

(5) 查看企业管理者代表、生产管理部门与质量管理等部门负责人的任职文件或授权文件,并对照其相关生产、检验、质量管理等履行职责的记录,核实其是否与授权一致,生产管理部门与质量管理等部门负责人是否相互兼任。

(6) 检查企业部门、部门人员、负责人、岗位及人员职责权限中的质量管理职能是否完整、清晰、明确并与企业质量管理体系实际运行一致。

■ 检查方法

对本条的检查主要通过查阅相关文件和记录以及与企业负责人、管理者代表及各部门、相关管理人员交流的形式进行。可查阅的文件包括质量手册、部门职责与权限规定相关的文件,人员花名册、人员任命书、人员/岗位职责与权限相关文件,部门/人员履行质量管理职能相关记录,特别是质量管理部门行使质量否决权的相关记录等。在查阅文件过程中,可通过分别交叉询问企业负责人、管理者代表、部门负责人、岗位人员相关情况,来综合评估企业的实际情况是否与上述文件中的规定或相关记录存在不一致的情况。

应当注意的是,本条内容与其他章节的许多条款存在较大的相关性。本条内容既涉及生产管理、技术管理、检验、采购、销售与售后服务等部门的质量管理职责,也涉及文件管理、设计与开发、采购、生产管理、质量控制、不合格品控制、不良事件监测等质量管理环节。负责检查本章内容的检查员应当注意与负责其他相关章节的检查员进行充分沟通,了解企业相关质量管理实施情况,以便对本条要求符合规范的程度进行全面客观的评价。

第六条　企业负责人是医疗器械产品质量的主要责任人,应当履行以下职责:

(一) 组织制定企业的质量方针和质量目标;

(二) 确保质量管理体系有效运行所需的人力资源、基础设施和工作环境等;

(三) 组织实施管理评审,定期对质量管理体系运行情况进行评估,并持续改进;

(四) 按照法律、法规和规章的要求组织生产。

■ 条款解读

1. 条款设置目的

本条明确了企业负责人是医疗器械产品质量的主要责任人,并规定了企业负责人必须履行的职责。

2. 名词解释与背景知识

企业负责人:是指负责公司日常运营的最高管理者,通常履行总经理职责。企业负责人应当是《医疗器械生产许可证》或《第一类医疗器械生产备案凭证》中载明的人员。

质量方针(quality policy):由企业的最高管理者正式发布的企业总的质量意图和质量方向。通常质量方针与企业的总方针相一致并为制定质量目标提供框架。

质量目标(quality objective):企业关于质量的所追求的目的。质量目标通常建立在企业质量方针基础上。通常对企业的各相关职能和层次分别规定质量目标。企业可以根据质量方针制定规定时限、指定职能和指定层级的质量目标,如年度质量总目标、部门分解目标等。质量目标通常是可测量的。

基础设施(infrastructure):企业运行所必需的设施、设备和服务的体系。适用时,基础设施包括建筑物、工作场所和相关的设施、过程设备(硬件和软件)、支持性服务(如运输或通讯)。

工作环境(work environment):工作时所处的一组条件。条件可以包括物理的、社会的、心理的和环境的因素(如湿度、承认方式、人因工效和大气成分)。医疗器械生产企业通常关注的环境因素可能是气温、环境湿度、尘埃、微生物、有毒有害外部污染源、震动源等;通常关注的生产车间物理条件可能是温度、湿度、颗粒物浓度、微生物浓度、与室外的压差、照明等。

管理评审(management review):评审是指为确定主题事项达到规定目标的适宜性、充分性和有效性所进行的活动。评审也可包括确定效率。典型的评审有管理评审、设计和开发评审、顾客要求评审和不合格评审。管理评审应包括评价质量管理体系(包括质量方针和质量目标)改进的机会和变更的需要。管理评审应形成并保持记录。最高管理者应按策划的时间间隔评审质量管理体系,以确保其持续的适宜性、充分性和有效性。

3. 条款内容的详细说明

本条款首先明确企业负责人是医疗器械产品质量的主要责任人。由于不同企业称谓不同,我们首先应该注意区分企业所有者与运营者,以便正确识别企业负责人。有些董事长参加企业运营,同时还聘任一位总经理。有些董事长不参与运营,但外部审核时会到场并参与回答问题,以示重视。有些企业法人代表担任企业总经理,但企业实际运营由企业副总负责。无论如何,我们应识别出真正负责企业日常运营的"最高管理者"。

此外,我们还应正确区分企业"法律责任人"与"医疗器械产品质量主要责任人"。《医疗器械注册管理办法》第六条规定:医疗器械注册人、备案人以自己名义把产品推向市场,对产品质量责任。医疗器械注册人、备案人取得《医疗器械生产许可证》或《医疗器械生产备案凭证》后,即成为医疗器械生产企业,因此企业的法人代表对产品质量承担法律责任。实际负责企业日常运营管理的负责人与上述法律责任人可能是分离的,因此承担"主要责任"。无论两者是否分离,在规范语境下,本条强调的是"产品质量的主要责任人",而非法律语境下的"产品质量法律责任人"。

本条其次明确了企业负责人在质量管理体系中的以下四大质量管理职责。即组织制定企业的质量方针和质量目标;确保质量管理体系有效运行所需的人力资源、基础设施和工作环境等;组织实施管理评审,定期对质量管理体系运行情况进行评估,并持续改进;按照法律、法规和规章的要求组织生产。企业负责人应当有效履行其质量管理职责如下。

(1) 组织制定企业的质量方针和质量目标:制定质量方针是为了明确企业在质量方面的关注点。好的质量方针应当精心制定、内涵丰富并在企业内部能达成共识,起到激励作用并与企业创立的宗旨和企业长期质量目标相一致。有些企业制定质量方针仅有一些口号,如管理规范、求实创新等,没有具体的内涵阐述,起不到质量关注的作用。质量目标是质量方针的具体化。在质量方针的预设框架下,确定一定阶段内企业量化的、适宜的、经努力可实现的企业质量目标,起到阶段性的质量管理引领作用。如一次成品合格率,每年开发医疗器械新品数量等。通过将企业质量目标分解至各职能部门并建立部门的质量目标分解指标,以保证企业总质量目标能够如期达成。质量方针和质量目标均应文件化。

(2) 确保质量管理体系有效运行所需的人力资源、基础设施和工作环境等资源的提供:医疗器械生产企业质量管理体系的有效运行需要包括人员、办公场所、生产车间、生产 / 检验设备、生产 / 检验设施、物料、信息等诸多软件、硬件和人员条件。通常人们关注硬件条件多,关注人力资源次之,最不关注的是软件条件,特别是企业获取除人和财物以外资源的能力,如管理能力。基于一定硬件和人员基础,好的管理可以使平凡的人在普通硬件条件下取得不平凡的质量管理业绩。因此,评估企业负责人履职情况时,应特别关注其对软件资源的投入。

（3）组织实施管理评审，定期对质量管理体系运行情况进行评估并持续改进：企业在成立、成长、成熟的不同阶段，组织形式、生产产品、生产规模、员工人数、人员构成、人员能力、市场开拓、质量管理体系成熟度等方面均在发生变化，因此按照适度的、规定的时间间隔对企业质量管理体系进行评价，以保证质量管理体系的持续适宜、充分、有效是非常必要的。一般来讲，管理评审应当至少一年进行一次。如果质量管理体系有重大变化，评审周期间隔时间应当减少。企业负责人不但应当亲自组织实施管理评审，还应当严格按规定程序开展管理评审。

（4）按照法律、法规和规章的要求组织生产：《医疗器械监督管理条例》在第三章第二十三条和第二十四条要求生产企业：应当对医疗器械的设计开发、生产设备条件、原材料采购、生产过程控制、企业的机构设置和人员配备等影响医疗器械安全、有效的事项作出明确规定；应当按照医疗器械生产质量管理规范的要求，建立健全与所生产医疗器械相适应的质量管理体系并保证其有效运行；严格按照经注册或者备案的产品技术要求组织生产，保证出厂的医疗器械符合强制性标准以及经注册或者备案的产品技术要求。在第五十三条要求监管部门对生产企业重点进行以下监督：是否按照经注册或者备案的产品技术要求组织生产；质量管理体系是否保持有效运行；生产条件是否持续符合法定要求。综上所述，法律法规对生产企业的直接要求是医疗器械必须符合相关标准和产品技术要求，间接要求是持续保持生产条件和质量管理体系的有效运行，最终要求是保证医疗器械安全有效。

■ 检查要点

1. 企业负责人是否真正承担了产品质量负责人的职责。

2. 查看质量手册等文件，核实企业负责人的职责是否覆盖了本条的四项要求。

3. 查看质量方针和质量目标的制定程序、批准人员是否明确是企业负责人的职责。

4. 评估企业负责人是否确保了质量管理体系有效运行所需要的人力资源、基础实施和工作环境。

5. 查看管理评审相关文件和记录，核实企业负责人是否组织实施了管理评审，管理评审后是否实施改进措施。

6. 结合相关检查结果，综合评估企业负责人是否确保企业按照法律、法规和规章的要求组织生产。

■ 检查方法

本条款采用查阅文件、与企业负责人交谈以及综合其他章节检查结果的方式进行。

1. 查阅企业《医疗器械生产许可证》或《第一类医疗器械生产备案凭证》、企业花名册,确认企业负责人。

2. 查阅企业《质量手册》,确认企业负责人的职责是否包括了本条规定的全部内容。

3. 与企业负责人交谈,了解其实际运营公司的时间、工作内容、工作方式、方法等。结合其他章节的客观证据和检查结果,综合评估企业负责人是否全职从事企业管理工作。企业负责人原则上不得兼职部门负责人。

4. 查阅质量方针与质量目标相关文件,确认质量方针和质量目标是否由企业负责人签发;质量目标是否在质量方针框架下进行了细化、具体化;质量目标是否可测量,是否在一定层次上进行了适当分解,是否计划或已经在规定期限内对质量目标的实现进行了恰当的评审。

5. 根据其他章节检查结果,综合评估企业人力资源、基础设施和工作环境符合规范要求的程度。例如当发现企业生产或检验相关岗位人员配备不足、工人流失、洁净区域面积不够、厂房设计不合理、洁净区初效、中效、高效过滤器未能及时更换、检验设备不足或未按规定校验(校准)、洁净区空调系统不能满足要求等问题时,企业负责人是否及时采取适当的纠正预防措施等,综合判定企业负责人是否很好地履行本条第二款职责。

6. 查阅管理评审相关程序文件和相关记录,并根据其他章节检查情况,包括第七十八条的检查结果,综合判断企业负责人是否履行了其实施管理评审的职责。应重点关注管理评审输入是否充分、参与评审人员是否覆盖相关职能部门负责人、管理评审是否覆盖质量管理体系运行的整体情况、管理评审输出是否覆盖重点问题、企业负责人的决定及其提供的资源是否有助于企业质量管理体系的持续改进。

7. 查阅企业原材料验证和检验、生产过程中间品、半成品、成品的质量控制和合格率、不合格品的控制、标签与说明书、销售记录、顾客反馈及纠正与预防措施、不良事件监测等相关文件和记录,综合评价企业负责人是否确保生产的医疗器械基本满足法律法规要求。

> **第七条** 企业负责人应当确定一名管理者代表。管理者代表负责建立、实施并保持质量管理体系,报告质量管理体系的运行情况和改进需求,提高员工满足法规、规章和顾客要求的意识。

■ 条款解读

本条款是对企业设置管理者代表及其承担职责的规定。本条前半部分明确管理者代表必须由企业负责人来任命,后半部分对管理者代表三大基本职责的要求。

1. 管理者代表的定义

管理者代表（management representative）这一职位名称出现于 ISO9000 标准中,是其专有名词,特指主管质量管理体系的高层管理人员。等同采用 ISO13485-2003 的 YY/T0287-2003 在 5.5.2 中对管理者代表有如下规定:最高管理者应指定一名管理者,无论该成员在其他方面的职责如何,应具有以下方面的职责和权限:确保质量管理体系所需的过程得到建立、实施和保持;向最高管理者报告质量管理体系的业绩和任何改进的需求;确保在整个组织内提高满足顾客和法规要求的意识。此外管理者代表的职责还可以包括与质量管理体系有关事宜的外部联络。我们对管理者代表可以作以下理解:由于企业负责人(最高管理者)除质量管理方面的职责外,还需承担其他企业运营方面的大量职责,为了保证质量管理体系的建立和有效运行,授权管理者代表代其承担质量管理体系的具体组织管理工作。管理者代表本质上是最高管理者的助手。为了便于集中管理,最高管理者一般只能指定一名管理者代表。

2. 管理者代表应具备的资质与任命

管理者代表是负责建立、实施并保持质量管理体系的关键人员,是最高管理者与企业各部门间的联系纽带与桥梁。因此,企业负责人应当高度重视管理者代表人选的确定。由于管理者代表在企业质量管理体系中的重大作用,管理者代表应当具有与其履行职责相匹配的教育背景、培训、工作经历与工作经验。虽然本条款未对管理者代表应当具备的条件做出明确规定,企业负责人在任命管理者代表时,应当根据企业实际确定管理者代表所需具备的资质,确保任命的管理者代表有能力胜任其工作职责。

为了保证其更好地履行职责,管理者代表应当是企业管理层人员,最好是高层管理人员。在中等以上规模的生产企业,企业负责人一般会任命分管质量管理的副总经理担任管理者代表;在较小规模的生产企业,企业负责人可能会亲自兼任管理者代表。有些企业会任命一位专职管理者代表。个别规模很小的企业负责人或许会让管理者代表兼任质量管理部门负责人。

确定人选后,企业负责人需要以签发任命书的形式任命管理者代表。任命书要明确其职责、权限和任职期限。企业负责人应将此任命传达到企业所有相关部门,以保证其顺利履职。

3. 管理者代表的职责

企业负责人通常会将 YY0287-2003 中提及的四项质量管理职责或《规范》中的 3 项质量管理职责直接写入管理者代表任命书中。也有些企业会将上述规定的职责进行进一步细化与分解。无论语言如何表述,管理者代表的职责应符合本条款要求,不应有缺失。具体来讲,管理者代表应当负责企业质量管理体系的建立、实施和保持,处理质量管理体系建立、运行中的各种具体问题;就质量管理体系的业绩和改进向最高管理者报告,并在获得批准后组织实施;通过培训、交流、奖罚等多种方式和手段在企业内部提高满足顾客要求和保证医疗器械安全有效的质量意识;通常还负责与质量管理体系有关的对外联络事宜。

4. 管理者代表与企业负责人的关系

企业负责人是质量管理的主要责任人,管理者代表是企业负责人在质量管理方面的助手、责任授权人,直接向企业负责人负责。管理者代表全面负责处理企业质量管理体系的具体事务。管理者代表可以协助最高管理者开展相关质量管理活动,如制定质量方针和质量目标、具体落实体系运行必需的资源、实施管理评审等,但是,管理者代表不能代替企业负责人,行使第六条规定的应当由企业负责人履行的职责。例如,管理者代表可以签署质量体系内的其他程序文件,但是质量方针和质量目标必须由企业负责人签发。

■ 检查要点

1. 核实企业负责人是否通过任命书的形式确定了企业的管理者代表;管理者代表是否得到足够的授权履行其质量管理职责。

2. 核实管理者代表的职责是否明确规定并包括了规范要求:

(1) 负责建立、实施并保持质量管理体系。

(2) 报告质量管理体系的运行情况和改进需求。

(3) 提高员工满足法规、规章和顾客要求的意识。

3. 查看企业岗位资质要求相关文件和管理者代表履历,综合评估管理者代表的教育背景、工作经历与培训经历能否胜任其职责要求。

4. 查看管理者代表报告质量管理体系运行情况和改进等相关履职记录,评估管理者代表是否按规定履职。

■ 检查方法

对本条款的检查方法主要包括查阅相关文件和记录、与管理者代表及相关人员交流等方式。

1. 查阅企业花名册和管理者代表任命文件,确认管理者代表是否由企业负责人任命,任命书是否注明其职责和权限。

2. 查阅企业组织机构图、质量手册中有关管理者代表职责等相关文件,确认管理者代表被赋予的权限是否能够保证其有效履职,管理者代表职责是否覆盖规范要求的全部内容。

3. 查阅简历、推荐信、工作证明、培训证书等相关文件,了解管理者代表的教育背景、工作经历和培训经历,并通过与管理者代表交谈了解其对工作职责、相关法律法规、相关管理要求的掌握情况,评估其履职能力。

4. 查阅管理者代表履职相关记录,如质量手册、程序文件等体系文件批准记录、质量管理体系内审、外审记录、特别质量策划 / 计划和评审等记录、医疗器械验证 / 确认计划批准记录、特别不合格事件处置记录、管理评审参会记录、纠正预防措施相关记录等,综合评价管理者代表履职情况。

5. 通过与企业负责人、生产 / 质量管理部门负责人、从事检验、验证、质量管理、法规事务等质量相关员工交谈,进一步了解企业质量管理体系总体运行情况和管理者代表履职情况。

6. 了解其他章节检查员发现的问题,综合评价企业质量管理体系建立、运行情况和管理者代表履职情况。

> **第八条**　技术、生产和质量管理部门的负责人应当熟悉医疗器械相关法律法规,具有质量管理的实践经验,有能力对生产管理和质量管理中的实际问题作出正确的判断和处理。

■ 条款解读

本条款是对企业技术、生产和质量管理部门负责人的要求,主要包括法规知识、质量管理经验、实际解决问题的能力三个方面。

技术部门、生产部门和质量管理部门是生产企业质量管理体系中的重要部门。技术部门负责产品研发、设计,对产品质量的"先天"形成负有主要责任;生产部门负责产品的生产过程,对产品质量的保证负有关键作用;质量管理部门应当参与产品研发、形成的全过程,对产品质量控制和质量保证负有关键作用。因此,这三个部门的负责人的法规意识、实践检验及其质量管理能力直接决定着企业质量体系的运行水准,直接决定着产品的质量的控制程度。企业应当依据所生产医疗器械的产品特点、生产规模、专业技术要求、风险控制要求等因素综合选择,配备好上述三个部门的部门负责人。

本条对技术、生产和质量管理部门的负责人提出了三方面的基本要求:包括熟悉相关法律法规、质量管理经验和发现、判断和解决生产、质量问题的能力。由于企业情况各异,《规范》没有具体规定三个部门负责人任职的具体条件,例如学历、专业背景、工作年限等,但是企业还是应当按照上述原则要求,根据企业实际,在其质量体系文件中明确规定各部门负责人的任职条件和任免程序,避免人员任命上的随意性。一般来讲,部门负责人应当具有相关的教育经历、专业背景、职业培训经历、工作经历与工作经验等。在满足基本条件的前提下,还要重点关注其实际工作经验与能力应与其从事的工作、承担的责任相匹配。此外,还要注重对部门负责人的培训与定期考核、评价,保证任命的上述部门的负责人能够持续熟悉医疗器械相关法规,具有足够的法律意识与风险意识,具备足够的管理经验,有能力识别医疗器械质量管理中的风险,并根据风险大小,及时做出正确的判断与处理。

■ 检查要点

1. 查看 3 个部门负责人的任职资格要求,核实是否对其专业知识、工作技能、工作经历等任职资格要求、能力提升、考核评价等作出明确规定。

2. 考核部门负责人对现行法律法规知识的了解情况。

3. 核实部门负责人的实际经验与质量管理能力。

4. 查阅技术、生产和质量管理部门负责人、生产和质量管理部门负责人的资质情况、任职文件、培训学习情况、履职情况,查看考核评价记录,现场询问,综合评价其履职能力是否满足规范要求。

■ 检查方法

1. 查阅企业《质量手册》,了解各部门的职能与部门负责人的职责、权限;确认企业是否规定了技术、生产和质量管理部门负责人应具备的专业知识水平、工作技能、培训经历、工作经验等任职要求。

2. 查阅企业花名册、任命书或等效文件,确认企业技术、质量、管理部门负责人。

3. 查阅相关人员简历、学历证书、培训证书、考核与评价记录等,并通过与部门负责人及其部门员工交谈等方式,了解部门负责人是否满足企业的入职要求,并正确履行了相关职责。

4. 了解企业是否建立了包括技术、生产和质量部门在内的关键部门负责人的定期考核、评价制度。若已建立,是否实施和保持记录。

5. 抽查与技术、生产、质量管理部门负责人履职有关的记录,如医疗器械技术文档、风险管理报告、医疗器械开发计划书及其实施记录、生产批记录文件、内审记录、成品检验与放行记录等,结合规范其他章节相关检查发现,综合评价企业技术、质量、管理部门负责人法规意识与质量管理能力是否符合企业相关质量体系文件的要求。

> **第九条** 企业应当配备与生产产品相适应的专业技术人员、管理人员和操作人员,具有相应的质量检验机构或者专职检验人员。

■ **条款解读**

本条款是对企业人员配备的要求,强调人员的配备必须与生产的产品相适应。人员包括专业技术人员、质量管理人员、操作人员和检验人员。

产品的生产和质量保证归根结底要靠生产链条各个岗位的工作人员来实现,因此企业必须配备足够数量而且能够尽职尽责的人员。在设立工作岗位和配备人员时,企业应当结合本企业实际,应当综合考虑所生产产品的技术复杂程度、风险程度、生产工艺要求、生产规模等情况。在人员配备时既要有量的概念,还要有质的要求。人员配备数量应当依据工作强度和工作量来确定,而人员素质要求则要考虑岗位的性质、技术要求、对产品质量的影响程度等因素。

企业应当以职定岗,以能选人。可以从员工受教育程度、专业背景、职业培训、工作技能、工作经历与工作经验等方面设立员工任职条件并综合评价其胜任工作的能力。企业应当将本条规定的人员岗位任职条件要求形成文件,并对员工工作能力进行定期考核、评价,以决定员工是否需要转岗或接受进一步的培训。关键工序和特殊工序对产品质量的影响很大,相关岗位的设置及其操作人员配备要求也尤为重要。

本条规定了企业"具有相应的质量检验机构或者专职检验人员"。从字面上理解,企业似乎可以设立质量检验机构,也可以不设质量检验机构,只设立专职检验人员。这其实是一种曲解。由于规范适用于所有医疗器械生产企业,既涵盖数千人的大型企业,也包括仅有十来个人的微型企业,因此对机构的设置未进行强制规定。结合本章第五条对管理机构设置要求,对质量检验机构的设置可以作如下理解:企业应当设置独立的质量检验机构,如企业规模很小,可以将质量管理机构与质量检验机构合二为一,不设置独立的质量检验机构。无论是否独立设置质量检验机构,企业均应当配备足够数量的检验人员,检验人员应当是专职的。

检验人员按其工作内容不同,可能分别承担物料进货检验、半成品过程检验、成品检验、环境监测、辅助生产用气用水检验等相关工作。检验人员一般隶属于质量检验部门或质量管理部门,也有部分企业的过程检验人员隶属生产部门,抽验人员隶属质量检验部门。依据执行与监督分设的原则,质量检验部门的检验人员应当为专职检验员,不应同时承担生产相关职能。过程检验人员即使隶属生产部门,原则上也不应同时承担生产环节的任务。生产岗位的人员对工序的中间产品实施自检,专职检验人员实施复检或抽检,以防止该工序的质量问题不能得到有效识别,导致不合格过程产品流入下一道工序。

■ 检查要点

1. 核实企业是否配备了足够的与其生产产品相匹配的专业技术人员、质量管理人员、生产操作人员、专职检验人员等。

2. 核实企业是否通过岗位职责、任职要求等相关文件规定了上述岗位人员所必须具备的专业水平（包括学历要求）、工作技能、工作经验等。

3. 核实企业是否按照规定配备了岗位工作人员。

4. 核实检验人员配备是否能够满足生产全过程质量控制，包括原材料、过程产品、环境检测、工艺用水检测、成品检测的要求。

■ 检查方法

1. 查阅企业组织机构图和部门职责要求、人员任命书等相关文件与记录，了解企业是否确定了影响医疗器械质量的工作岗位，是否规定了上述岗位人员必须具备的专业知识水平（包括学历要求）、工作技能、工作经验等要求；是否制定了上述岗位人员考核、评价与再评价制度。评估上述要求是否与企业生产的医疗器械技术复杂度、风险、生产方式、生产规模等相匹配。

2. 查阅企业人员花名册，确认企业与医疗器械质量有关的岗位与人员；抽查不同部门岗位人员工作简历、学历证书、培训证书、培训记录、考核与评价记录等，评估上述人员配备质量与数量是否符合企业规定要求，是否与企业质量管理需求相匹配。

3. 通过查阅检验人员岗位职责、任职条件等相关文件，结合相关章节检查结果，评估企业检验人员是否专职，是否能胜任本职工作，检验员数量、工作能力是否能够满足企业质量管理需要。

4. 现场抽查部分技术、管理、生产、检验等与产品质量相关的工作人员，了解其是否熟悉相应的工作职责或内容，是否能够按照岗位操作规程的要求进行实际操作，综合评价其是否胜任工作。

> **第十条**　从事影响产品质量工作的人员，应当经过与其岗位要求相适应的培训，具有相关理论知识和实际操作技能。

■ 条款解读

本条款是对影响产品质量工作人员培训与能力的要求。本条强调通过培训，使这些人员既具有相关的理论知识,又具备相关实际操作技能。

企业质量管理体系的质量保证能力与人员,特别是与产品质量有关的技术、管理、生产、检验等人员密切相关,这些人员的质量管理知识、意识与能力奠定了企业质量管理体系的重要基础。医疗器械品种繁多、涉及学科广、产品风险程度跨度大、产品生产工艺各异,且知识更新迅速,医疗器械生产企业员工质量管理相关的知识、意识与技能也应及时更新。特别当医疗器械相关法律法规重大更新、相关质量标准更新、企业质量管理体系文件修订、生产工艺更新、生产或检验设备更新、新技术、新流水线或新生产控制系统投入使用、新产品投产时,更要保证可能影响产品质量的员工,其质量管理相关知识能够及时更新,能力能够不断提高,以适应相关变化。

培训是企业更新人员知识、提高质量意识与技能不可或缺的重要手段。YY/T0287-2003 的 6.2.2 条中对员工培训的要求作出规定:组织应提供培训并评价采取措施的有效性;应确保员工认识到其工作的质量重要性并懂得如何为实现质量目标做贡献;组织应保持培训等相关记录。

《规范》虽未明确要求企业就培训需求识别、培训内容选择、培训计划制订、培训实施部门、培训效果评估、培训总结与反馈、培训记录保持等形成文件,但从培训工作的重要性来看,应视为隐含要求。企业应当自觉制定涵盖这些内容的培训程序文件。监管部门在检查这一条款时,企业培训工作的程序文件和相关记录应当是企业对影响产品质量人员实施有效培训的主要依据和证据。

培训的目的除了提高相关人员的理论知识和工作技能外,还有一个重要的目的是不断强化每个员工的质量意识和法规意识。只有让每个员工真正了解他在整个质量体系中的作用和对产品所承担的责任,才能让他的履职行为变成自觉的行为。

培训的内容和方式应当具有针对性。不同的岗位、职责、教育背景、工作经历等所需培训的内容方式应当有所区别。企业应针对不同的培训需求,制订不同的培训方案,例如新员工入职培训、生产或检验人员上岗前培训、在岗人员继续培训,新法规、新标准、新技术出现时,或企业质量管理体系文件制修订后的专题培训等。培训师可以来自企业内部或外部,培训方式可以针对培训内容和培训对象选择不同的方式,例如课堂学习、分组研讨、自学、网络学习、实际操作训练等。

企业应在年初就制定年度培训计划和实施方案,明确培训对象、培训内容、培训周期、培训方式等内容。培训结束时应有考核、总结与效果评估,评估结果应及时反馈给受训人员。培训的实施过程、考核、总结和评估应当保留记录,一般应包括培训计划和方案、组织部门、培训时间、授课人、培训资料、培训人员签到表、考卷、总结和评估记录等。

■ 检查要点

1. 检查企业是否确定了影响医疗器械质量的岗位。

2. 检查企业是否对这些岗位的人员应当具备的专业知识水平,包括学历要求、工作技能、工作经验等做出规定。

3. 检查企业是否制订了人员培训的程序文件和年度培训计划。

4. 检查企业的培训记录,包括培训方案、培训内容、培训资料、考核记录等是否符合企业规定。

5. 综合评估影响医疗器械质量的人员是否具备了保证产品质量的相关知识、意识与能力。

■ 检查方法

对本条款的检查主要采取查阅相关文件、记录和现场考查(抽查)影响产品质量人员等方法。

1. 查阅的文件和记录包括企业对影响质量人员确定与评价的文件、培训的程序或制度、年度培训计划、培训记录及相关资料等。在评价培训效果时应当注意其年度培训计划的频次是否适宜、培训内容是否充分、是否有针对性(是否分层培训、是否因人因岗而异等)、培训师资是否适当、培训手段是否多样化、培训效果是否按评估程序评估、培训是否覆盖所有质量有关人员、培训记录保存是否系统完整等。

2. 对人员的现场考核可通过与相关人员交谈、询问或现场操作考查等方式进行,主要了解其实际专业知识、质量意识、对其岗位职责和需执行的标准操作规程 / 作业指导书的了解程度和实施情况。对某些技术性要求较高的岗位,例如关键工序操作、检验等,也可以采用实际操作方式进行考查。

> **第十一条**　从事影响产品质量工作的人员,企业应当对其健康进行管理,并建立健康档案。

■ 条款解读

本条款是对企业从事影响产品质量工作人员健康管理的要求。

医疗器械产品将直接或间接地用于保护人类的健康,在其生产过程中所有接触产品的人员本身将构成对其产品质量属性的影响因素,例如那些最终以无菌形式作用于或介入人体的产品,生产、检测、使用人员所携带的病原体可能会成为产品的污染源。因此,对企业从事影响产品质量工作人员的健康进行控制和管理,不仅是对员工职业防护的需要,更是产品质量管理的需要。

人员自身健康状况对医疗器械质量的影响程度因企业生产的产品类别、环境要求、接触产品的程度不同而异。因此,在保证相关人员健康状况对产品质量(主要是污染、交叉污染的风险)得到有效的控制的基本要求下,企业应根据其产品特点(无菌、非无菌)、风险程度(是否介入循环系统)、生产环境要求(清洁环境还是洁净环境及级别)和工作岗位(直接或间接接触过程产品、产品还是不接触产品)等实际,确定需要进行健康管理的人员范围和管理程度。

企业应当按照岗位健康要求,在具备资质的医疗机构对员工开展入职前体检,必要时应在事先告知的前提下,遵从专业人员的建议,增加必要检查项目。员工入职后,有健康管理要求的岗位一般至少一年接受一次健康体检。特殊情形下体检间隔还应当缩短。

企业应当按规定建立员工健康档案并保留健康体检、健康报告等相关记录。

■ 检查要点

1. 检查企业是否制订了人员健康管理规定的文件,包括人员范围、体检要求等,其健康管理要求是否与企业的产品相适应,各岗位的健康要求是否与其风险程度相一致。

2. 检查企业是否按照其健康管理规定实施了健康管理。

3. 检查企业健康管理的记录是否真实、系统、完整。

4. 核实是否存在体检不合格或不符合健康要求的人员仍然在岗的情况。

■ 检查方法

对本条款的检查主要通过查阅企业健康管理相关文件和记录的方式进行。重点在于评估其健康管理规定的人员范围与要求是否与所生产产品特点(无菌、非无菌)、风险程度(是否直接接触循环)、生产环境要求(清洁环境还是洁净环境及级别)和工作岗位(直接接触过程产品、产品还是不接触)相适应;是否按照其健康管理的要求进行了实施。可根据企业健康管理规定确认需要进行健康管理的人员名单,查阅企业人员健康管理档案,抽查员工健康记录、考勤记录等,确认企业相关岗位工作人员是否存在不能满足健康要求时仍在从事相关岗位工作情形。

三、注意事项

由于组织机构与人员是企业质量管理体系的构建基础,对企业质量管理水准有重大影响。企业对本章要求的符合程度会直接影响到本规范其他章节要求的符合程度,因此,其他章节发现相关问题的多寡和严重程度可以直接印证企业组织机构与人员管理的优劣状况。在检查本章条款时,检查员应注意与其他章节相关条款的符合程度进行相互印证,例如在审核企业管理机构设置及其职责权限规定、企业负责人、管理者代表履职情况、企业质量管理相关人员配备情况、相关人员胜任岗位能力情况时,尤其要重视其他章节发现的问题和证据。

检查本章内容时,检查员应当在充分熟悉企业产品特点和质量体系文件的基础上,综合运用查阅相关文件和记录、与不同人员交谈等多种检查方法,并与其他章节发现的问题相互印证,来广泛收集企业实施规范本章要求的客观证据,并在基于证据的基础上,得出检查发现。如果认为本章节各条款是基本要求,相对简单,因此仅仅通过查阅人员花名册、质量手册、程序文件、部门人员职责与权限等文件,满足与这些文件的有无,就很难发现企业质量管理体系的系统性问题。

企业管理机构中各职能部门的设立,关键是与企业的规模、生产产品特点和管理能力相适应。在满足本规范基本要求的基础上,如未对其规范实施产生不良影响,检查员应尊重企业的自主权利,不应当强求一律。

 常见问题和案例分析

◎ 常见问题

1. 管理部门职责、权限不清晰,存在质量管理职能重叠或缺失现象。例如,一个体外诊断试剂生产企业规定生产用物料的采购和验收分别由生产管理和质量检验两个部门负责。但由于职责权限界定不明确,部分试剂校准品的生产原料实际由质量检验部门在采购。再如,某企业仅规定了中央空调、制水系统、压缩气体的日常使用由生产部门负责,但未明确维修维护部门,也未设置工程部,导致上述重要生产设施设备实际上未实施应有的维修维护,中央空调系统出现重大故障,只能停产。又如,未在部门职能文件中明确是质量管理部门还是质量检验部门实施质量否决权。出现质量问题时,部门间出现推诿扯皮现象。

2. 管理者代表虚设。有些企业管理者代表除学历资质以外不具备相应的资质,不能有效行使规范要求的质量管理职责,并不从事质量管理相关工作,但仍被任命为管理者代表;有的企业的管理者代表更换频繁,不能保证质量体系管理的稳定性;有的企业名义上任命了符合资质要求的管理者代表,但实际上被赋予的质量管理权限有限,不能对质量管理体系实施全面、有效的管理等等。

3. 管理者代表承担职责太多,企业负责人未实际履行应当履行的质量管理职责。管理者代表揽括了管理管理体系文件起草、批准、分发、实施等大部分具体工作,内审、外审、管理评审都是管理者代表在"唱独角戏",大大降低了其他部门的参与度,质量管理体系变成了"纸上空谈"。

4. 技术、生产、质量部门负责人管理能力不足。有些部门负责人对相关法规、标准不够熟悉,有的不具备应当具备的专业背景,有的缺少质量管理的经验,共同特征是不能对企业设计开发、生产和质量管理中的实际问题做出正确的判断和处理。

5. 影响产品质量工作的人员能力不足。如注塑、灭菌等工序操作人员,电气安全检验员、生物学检验人员不具备岗位职责要求的工作技能或未经过充分的培训。如某企业灭菌操作工仅为初中学历,虽通过师傅帮带掌握了灭菌的基本操作,但由于缺乏相关生物学知识和对环氧乙烷灭菌知识,缺少对灭菌过程控制、产品追溯性重要性的理解,因此在实际操作中,灭菌过程操作很不规范,不重视灭菌参数严格控制,灭菌过程记录不全。

6. 检验员数量和能力与所承担检验任务不匹配。例如某生产规模较大的一次性使用注输器具生产企业,其检验工作量很大,包括原材料、中间品和成品检查、洁净区(数千平米)的环境监测、工艺用水检测等,涉及物理、化学、生物学等检测技术,但生产企业仅配了2名专职检验员,还要参与批记录管理、工艺验证、标准编制、体系文件等管理工作。

7. 未按规定对影响产品质量的人员健康进行有效管理。检查发现,有的企业不能保证必要的体检频率,检查项目少。有的企业在在职人员体检发现某些指标超常时,怀疑其可能患有血液传染的传染病时,未对其进行进一步检查和评价,仍让其从事直接接触人体循环系统的无菌医疗器械产品的组装工序。

◎ 典型案例分析

【案例一】 A公司拟生产第二类医疗器械一次性使用吸痰管。公司负责人任命已取得内审员资质，但专业背景为经济专业的综合部经理王某担任管理者代表，但王某除签字外并未承担管理者代表应当承担的工作职责。该公司管理者代表工作职责实际由尚无内审员资质的质量检验部经理张某承担。

分析： 由于小型医疗器械公司人员流动性较大，不少公司为避免取得内审员资质的人员频繁流动，常任命虽然不具备管理者代表应具备的资质与能力，但不易流动的人员（比如亲戚、朋友）担任管理者代表，实际工作却由部门负责人如生产管理或质量管理或质量检验部门负责人承担。本案例中，王某实际上是公司负责人的亲戚，具有本科学历，不会轻易离职，所以被任命为管理者代表。但是王某仅熟悉财务管理相关工作，无法承担医疗器械质量管理相关工作，公司负责人只好让只有高中学历，但多年从事医疗器械质量检验工作的张某做王某助手，实际履行管理者代表职责。这是典型的"管理者代表虚设"现象。检查员通过查阅管理者代表履职相关记录，与王某、张某及其他质量管理人员交流，很容易发现管理者代表王某未有效履职，张某质量管理职责与其被授权的职责权限不一致的客观证据。

【案例二】 丁某为全日制大学外语专业本科学历，在医疗器械生产企业A公司从事手术无影灯的质检工作，3年后，受聘到生命支持用呼吸机的生产企业B公司担任质检部门负责人。B公司质检部门负责人岗位资质要求中，未对质检部负责人的专业背景和学历做出明确要求。检查员认为外语专业毕业的人不可能胜任质检部门负责人这样专业的工作，在现场检查时开出了"质检部负责人学历不符合要求，不能胜任其工作职责"的不符合项，企业提出异议，认为第八条并无专业、学历要求，而且丁某具有实际从事有源医疗器械质检工作的实践经验。

分析：《规范》第八条规定要求："技术、生产和质量部门负责人应当熟悉医疗器械相关法律法规，具备质量管理的实践经验，有能力对工作中的实际问题进行正确判断和处理。"本条虽然强调的是工作经验与能力，未直接要求学历和专业背景，但是人员的工作经验与能力并非凭空得来，往往需要既往的教育背景、培训经历、工作经历作基础。本案例中的丁某毕业于外语专业，曾受聘于A企业质检部门担任质检员。通过交谈，了解到其在A公司的工作主要从事手术无影灯的成品检验工作。从其工作简历及其他培训证明文件中可以看出,A 公司虽然对他进行过必要的检验知识培训,但其教育背景、培训与短暂的从事质检工作的经历,并不能证明丁某的专业知识和能力能够对生命支持用呼吸机"质量管理中实际问题做出正确的判断和处理"。而且,企业在制订质检部门负责人职责要求时,未将专业背景和工作经历列入要求也是不妥当的。

检查员在检查该类条款的符合性时,可以不局限与条款的字面,但是要对条款的重点和隐含要求吃透弄懂,这样面对企业的质疑才能有根有据,以理服人。检查员可以通过寻找丁某的确不能准确履职的事实,来支持丁某确实不具备相关能力的结论,应当更有说服力。例如在现场询问中,检查员发现丁某不熟悉呼吸机的进货、过程和成品检验规程,不能对相关检验规程的制定依据给出合理的解读;还发现自丁某任职以来,检验员有多次(附取证材料)未按照进货、过程、成品检验规程进行相关检验,就提交检验合格报告,而丁某未能识别这些问题即签发了检验报告。

四、思考题

1. 医疗器械生产企业的组织机构图应明确哪些要素?

2. 医疗器械生产企业负责人应履行哪些职责?

3. 医疗器械生产企业管理者代表应履行哪些职责?

4. 医疗器械生产企业哪些部门负责人不能兼任? 检验人员能否兼职?

参考文献

[1] GB/T 19000-2008/ISO9000:2005 质量管理体系基础与术语[S]. 2008.

[2] YY/T0287-2003/ISO13485:2003 医疗器械质量管理体系用于法规的要求[S]. 2003.

[3] YY/T 0595-2006/ISO/TR14969:2004 医疗器械 质量管理体系 YY/T 0287-2003 应用指南[S]. 2006.

[4] FDA. Quality System Regulation. CFR 21, Part820 [R] 2015 revised.

[5] 国家食品药品监督管理局. 医疗器械监管技术基础[M]. 北京:中国医药科技出版社,2009.

(李新天)

第三章

厂房与设施

一、概述

厂房和设施通常被认为是医疗器械生产企业的硬件,是医疗器械生产的基本要素。

《医疗器械监督管理条例》第二十条和《医疗器械生产监督管理办法》第七条规定:从事医疗器械生产活动,应当具备与生产的医疗器械相适应的生产场地、环境条件、生产设备以及专业技术人员。本章节中的厂房和设施就可以认为是法规文件中提到的生产场地、环境条件等内容,是产品实现的重要条件。

厂房与设施主要包括:厂区建筑物实体(含门、窗)、道路、绿化条件、围护结构,必要的公用设施,例如水、汽和电供应设施、照明设施、消防设施等。

厂房与设施是否充分、其设计布局是否合理、维护保养是否规范,直接关系到医疗器械产品的质量。

厂房与设施的设计、安装、使用和维护除了要严格遵守《医疗器械生产管理规范》的相关规定之外,还必须符合国家的有关法规,执行国家相关标准和规范,符合安全、实用、经济、环保、节能的要求。此外,在满足上述要求并与企业的生产和利益相适应外,应鼓励其积极采用当代先进技术,并兼顾考虑未来的发展。

医疗器械的生产涉及很多种类,如有源器械、无源器械、植入器械、无菌产品、体外诊断试剂产品、生物医用材料等,对不同种类的产品生产,由于其生产规模、生产工艺、物料和产品的特性不同,所以对厂房和生产设施会有不同的要求。生产企业厂房与设施的实际情况,应当与其所处的地理位置和环境、产品类别、生产工艺、生产规模、生产设备等密切相关,所以不可能有"万能适用"的厂房与实施。根据自身的实际,对生产厂房和设施的设计、选择和使用应当是企业的责任。

《医疗器械生产质量管理规范》第三章共有 7 个条款,主要包括总体布局、合理设计、生产环境、厂房条件、影响因素控制、维护保养、空间大小、仓储条件、检验设施等要求。这些内容仅是对医疗器械生产企业通用要求和原则规定,适用于各类产品。对生产厂房和设施有特殊要求的产品类别,例如对无菌、植入性产品的生产环境的特殊要求在本规范的相应附录中另行规定。

二、条款检查指南

> **第十二条**　厂房与设施应当符合生产要求,生产、行政和辅助区的总体布局应当合理,不得互相妨碍。

■ 条款解读

本条款对生产企业的厂房和设施提出了原则要求,强调厂房与设施的面积、布局、配置等应与所生产产品的要求相适应,生产、行政和辅助区总体布局合理,应独立设立或相对独立,相互间不得妨碍,特别是不能对产品的生产带来不利影响。

1. 对生产区域的要求

通常认为,生产区是指产品生产过程需要涉及的区域,如制造车间、检验区、仓储区等区域;行政区是指企业的办公管理场所,如总经理室、部门办公室、资料室、会议室等;辅助区是指企业与生产、行政无关的场所,如餐厅、员工宿舍等。对于医疗器械生产企业来说生产区是每个企业必须具备的,行政区和生产区可以在独立的建筑物中,或虽在一起但是相对独立的区域,而辅助区可根据企业的需要设立。

厂房的布局应留够充分的空间,以便于物料的搬运或进行日常的维护,并避免进货物料、半成品、报废、返工或返修元器件、不合格原材料、成品间的混淆。

一般认为,辅助区如果存在的话,应该与生产区之间有物理隔断,如位于两个不同的建筑中或同一建筑内两个完全能隔断的区域等。

2. 对厂区总体布局的要求

医疗器械生产企业厂房布局应符合 GB50187-93《工业企业总平面设计规范》和其他行业技术设计规范的要求,同时还应满足所生产医疗器械品种的生产质量管理规范相应附录对厂房设施的相关要求。

厂房布局的一般原则是:

(1) 在满足生产、操作、安全、环保等基础条件上,工艺流程和过程应尽量集中布置、集中控制。

(2) 对于可能产生空气污染的工序,一般宜设置在全年最大频率风向的下风侧。如需设置洁净厂房,则洁净厂房周围应绿化,减少露土面积。

(3) 厂区内道路应满足物流、人流的合理流向,尽量避免往返迂回。道路能到达每一处设施。厂区建设要尽量兼顾公司的近期和远期发展规划,做好预留空间和面积。

图 3-1 是一个生产无菌、电子类医疗器械产品的生产企业布局图示例,供读者参考。

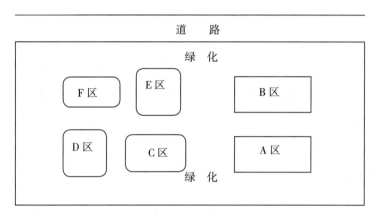

图 3-1 生产企业布局示例

A 区—研发区和行政区;B 区—辅助区(员工餐厅、会客、活动);C 区—净化车间;
D 区—洁净车间;E 区—物流仓库;F 区—电子车间

在图 3-1 的示例中,该企业的生产区与研发区、行政区和辅助区相对独立,通过道路与绿化带分隔,人流物流分开,洁净车间与电子车间分开,相互间互不妨碍和影响,布局比较科学合理。此外考虑到企业的长期发展需要,还在生产区域预留了部分空间。

■ 检查要点

1. 厂房与设施是否符合产品的生产要求。

2. 检查企业总体布局是否合理,不得互相妨碍或对产品产生影响。

3. 厂区环境是否整洁、干净,生产区域、仓储区域、辅助区域符合产品特性。

4. 有特殊要求的产品,例如无菌或植入性医疗器械,其厂房设施和环境是否符合相关特定要求。

■ 检查方法

对本条的检查主要通过查验企业布局图、设计图以及现场查看来进行。生产场地的确定,应该由所生产的产品特点决定,在检查前应与企业的生产、质量、技术人员充分沟通,了解企业生产的产品、品种、规模、工艺、生产流程及生产环境等情况。现场检查前最好先查看企业布局图、设计图纸,做到整体情况心中有数,然后再到现场检查查看。现场查看应包括涉及生产全过程的所有区域和设施,包括原材料库、生产车间、模具库、辅助功能间、半成品库、成品库、危险品库、解析库、制水间、灭菌车间、检验室、留样库等,并核对申报资料、图纸与实际情况的符合性。

此外,本条款是整体性原则要求,建议此条款结合本章其他条款的检查来综合性评估。

> **第十三条**　厂房与设施应当根据所生产产品的特性、工艺流程及相应的洁净级别要求合理设计、布局和使用。生产环境应当整洁、符合产品质量需要及相关技术标准的要求。产品有特殊要求的,应当确保厂房的外部环境不能对产品质量产生影响,必要时应当进行验证。

■ 条款解读

本条款对生产厂房和设施提出了具体要求。由于医疗器械产品的种类繁多,生产过程不尽相同,因此厂房和设施应与所生产产品的要求相适应,工艺布局合理,不会对产品产生交叉污染;生产环境应当整洁,符合产品质量需要及相关技术标准的要求。产品有特殊要求的,如静电防护、温湿度控制,应能有相应的设施和设备。

1. 厂房实施设计、布局和使用的通用要求

所有的设计、布局都以生产产品的特性、工艺流程为主要考虑因素。应当根据产品特性及相应的洁净级别要求合理设计、布局和使用。产品是否需要在规定的洁净环境中生产,应当根据产品的要求来确定,如果工作环境对产品产生不利影响,企业应当对工作环境进行控制,提供适当的环境,如无菌医疗器械与非无菌医疗器械对生产环境的要求差别很大(参见无菌医疗器械附录)。

物流是指物料货物获得、加工和处理以及在指定区域内分配所有相关业务的活动,包括:加工、处理、运输、检测、暂存和储存等。人流是指生产或管理等相关人员在进出生产区域或在生产区域移动的走向。人流、物流的设计主要考虑是否对产品生产过程产生影响或污染,以及生产的效率物流的走向,一般采取产品生产工艺路线的走向。

生产环境的影响因素包括温度、湿度、洁净度、光照、辐射、防静电、振动、磁屏蔽、电磁干扰等。不同的产品对生产环境的要求不同,不同的生产工序对生产环境的要求也不同,因此对环境条件的控制也不同,但均应符合产品质量要求及相关技术标准的要求,例如无菌医疗器械符合 YY-0033 标准的要求。对产品有特殊要求的,比如防静电、防尘、防化学腐蚀、防电磁干扰、防辐射、防潮防霉、防热防爆的,应当对相应的因素进行检测和控制,确

保厂房的外部环境不能对产品质量产生影响,必要时应对控制效果进行验证。企业应当保持环境检测、控制和验证的可追溯资料。企业在设计阶段,应结合产品的风险分析和管理,评价每一参数对产品的影响程度,并确定需要控制的程度。影响工作环境的因素有各式各样的参数、指标和控制要求,应对每个参数对产品带来的风险点进行评价以确定一旦失控可能增加的风险。对产品质量有显著影响因素,除了设施本身所形成的工作环境以外,还包括该环境中的工作人员,如果人员与产品接触会对产品有不利的影响,则任何能够接触产品或其环境的人员,应穿适当的防护服,经过适当的清洁、消毒措施,保持身体的健康状态。

即使为保证一般的清洁生产环境和员工的安全防护,大多数企业都会设置更衣室(含更鞋室)。一般更衣室的大小、面积要与使用人员的数量相适应,并配置必要的衣柜等。洗手间、盥洗室的设置不能影响产品的质量。更衣室不得用于物料的转运。

2. 对环境设计的特殊要求

对不同的产品所要求的生产环境是不同的,企业应根据产品的生产工艺特点并结合产品风险管理的输出文件来确定生产环境的要求。如果法规有明确要求的,还要满足法规的要求,例如本规范已发布3个附录(生产质量管理规范无菌医疗器械附录、生产质量管理规范附录植入性医疗器械附录、生产质量管理规范附录体外诊断试剂附录),分别对无菌医疗器械、植入医疗器械和体外诊断试剂的生产环境提出了要求。

(1) 介入到血管内的器械如中心静脉导管、支架输送系统、造影导管等,需要在10 000级下的局部100级洁净室内进行后续加工的无菌器械或单包装出厂的配件,其末道清洁处理、组装、初包装、封口的生产区域应当不低于10 000级洁净度级别。

(2) 与组织和组织液接触的植入性无菌医疗器械如心脏起搏器、皮下植入给药器、植入性人工耳蜗、人工乳房等其末道清洁处理、组装、初包装、封口的生产区域应当不低于100 000级洁净度级别;不经清洁处理零部件的加工生产区域应当不低于100 000级洁净度级别。

(3) 酶联免疫吸附试验试剂、免疫荧光试剂、免疫发光试剂、聚合酶链反应(PCR)试剂、金标试剂、干化学法试剂、细胞培养基、校准品与质控品、酶类、抗原、抗体和其他活性类组分的配制及分装等产品的配液、包被、分装、点膜、干燥、切割、贴膜以及内包装等,生产区域应当不低于100 000级洁净度级别。

厂房要有防尘、通风、防止昆虫或其他动物以及异物混入等措施;人流、物流分开,人员进入生产车间前应当有换鞋、更衣、佩戴口罩和帽子、洗手、手消毒等清洁措施;生产场地的地面应当便于清洁,墙、顶部应平整、光滑,无颗粒物脱落;操作台应当光滑、平整、无缝隙、耐腐蚀,便于清洗、消毒;应当对生产区域进行定期清洁、清洗和消毒;应当根据生产要求对生产车间的温湿度进行控制。

图 3-2 是一个小型体外诊断试剂企业的厂房设施布局图。其生产区域为 100 000 级洁净度级别,阳性生产区阳性区独立设置,为 10 000 级洁净度级别,并应与相邻区域保持相对负压。整个生产区域人流、物流是分开的,不同房间通过传递窗传递,而且压差方向合理。为了防止产生交叉污染,专门设计了污物出口,此外还预留了空间,为今后的发展做准备。

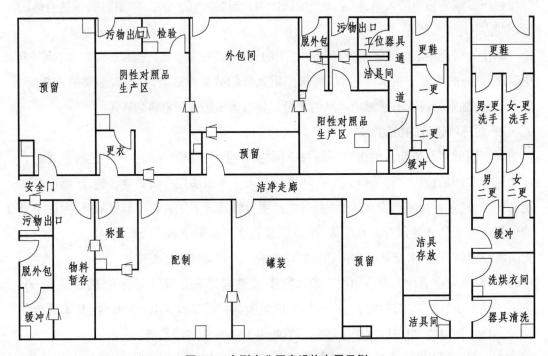

图 3-2　小型企业厂房设施布局示例

(4) 其他产品的生产环境要求:有源医疗器械线路板的焊接、装配工艺中如有防静电要求,企业应设有防静电区域,对防静电措施进行定期监测,并保存监测记录。

大型机械设备类产品的生产场地一般要有足够的空间和高度,设备设施的摆放相互间应有适当的距离,厂房的设计还应考虑操作者的安全。

■ **检查要点**

1. 检查厂房与设施是否根据所生产产品的特性、工艺流程及相应的洁净级别要求进行合理设计、布局和使用。

2. 检查生产环境和外部环境是否对产品产生不利影响。

3. 现场查看生产环境是否整洁、是否符合产品质量需要及相关技术标准的要求。

4. 是否有维护和保持整洁、适合的生产环境的管理规定、措施及记录。

5. 产品有特殊要求的,是否确保厂房的外部环境不能对产品质量产生影响,法规有规定要求或者必要时是否对厂房设施开展了验证和再验证。

■ 检查方法

检查前首先查看生产产品的质量要求和相关技术标准,熟悉产品的特性及生产工艺。检查时主要通过查看厂房布局图和现场检查的相结合的方式,重点检查生产现场布局的合理性和合规性,如确定器械的零部件的生产、部件装配、成品组装、初包装的生产环境;体外诊断试剂配制、分装、阴性和阳性血清、质粒或血液制品等的处理操作的环境是否符合规范或附录的要求;功能间等有无缺失,人流、物流走向是否合理等。

通过现场检查和查看文件和记录的方式,确定是否现有设施设备能够满足产品生产、存放、检验的特殊要求。可抽查设施设备清单和温湿度或洁净厂房环境监测的参数记录,必要时抽查对相关采取措施有效性的验证报告和记录。

> **第十四条**　厂房应当确保生产和贮存产品质量以及相关设备性能不会直接或者间接受到影响,厂房应当有适当的照明、温度、湿度和通风控制条件。

■ 条款解读

本条款是对生产厂房的具体要求,包括三方面,一是要求厂房对生产和储存的产品质量不会直接或间接产生影响;二是要求厂房对厂房内的相关生产设备的性能不会产生影响,进而不间接影响产品的质量;三是要求厂房在照明、温度、湿度和通风控制条件要适当。

厂房对产品的影响可以是直接的也可以是间接的。例如净化车间的温度、湿度可能会直接影响到产品的特性,也可能由于湿度太大导致环境内微生物滋生较多,直接影响产品的质量。例如车间布局不合理,人流、物流交叉可能导致无菌产品被污染的风险加大,厂房内的照明如果太低,就会影响相关生产或检测工位人员操作的准确性,因此应保证操作岗位足够的照度,反之对某些光敏的物料或产品,厂房又需要控制照度不能超过一定范围,确保光敏的物料或产品受到防护。另外,厂房的周边环境和比邻企业都可能对产品产生影响。对有温度、湿度要求的厂房和区域,在设计时,就要考虑所在地一年四季的气候情况,并设置相应的检测和控制设施。

■ **检查要点**

1. 检查生产车间、仓储、设施设备设计和布局是否合理,能满足产品的特性且不会对产品产生影响。

2. 现场查看厂房、仓储、检验区域的环境是否对设施、设备及仪器的使用性能产生直接或间接的影响。现场查看厂区及生产检验等区域的环境是否会对精密仪器、发热仪器等的使用产生直接或间接的影响等。如某种物料易与其他物料产生化学反应或交叉污染,该生产物料的物流通道宜独立设置,使用环境应有防护措施。对于强致命性、高活性、有毒有害等特殊物料,其储存、转运和使用场所均应充分考虑相应的防护措施。

3. 现场查看厂房照明、查看整个厂区照明是否充足、合理,各工序的照明能支持生产过程需求,现场查看温度、湿度和通风控制条件是否适当的,与所生产的产品特性相符,是否有相应的设施设备来满足。

■ **检查方法**

检查时通过询问企业生产、质量、技术人员产品特性,结合企业的文件规定,了解产品在生产、检验、存储时是否有特殊要求。现场查看总体及生产车间的布局是否合理,是否会对产品产生交叉污染性,仓储等场所是否应有温度、湿度和通风控制条件,可以现场抽查实时的参数记录,如当天的温湿度记录等,并核实能否达到验证要求。

第十五条 厂房与设施的设计和安装应当根据产品特性采取必要的措施,有效防止昆虫或者其他动物进入。对厂房与设施的维护和维修不得影响产品质量。

■ **条款解读**

本条款明确生产厂房和设施的要求应能满足产品的特性,并具体落实在了防止昆虫和动物及对厂房与设施的维护维修上。

厂房和设施应与所生产产品的要求相适应,生产环境、贮存环境应能满足要求,能有相应的设施设备,有灭蚊灯、挡鼠板,能有效防止昆虫或者其他动物进入。对厂房与设施进行的维护和维修措施,不得影响产品质量。

1. **防止昆虫或者其他动物进入**

昆虫或其他动物进入厂区,特别是生产区域,对产品会造成潜在的质量风险。

常见的防虫措施包括风幕、灭虫灯、粘虫胶等。常见的防鼠措施包括灭鼠板、超声波驱鼠器、捕鼠夹、外门用密封条、挡鼠板等。各地区在一年不同季节的差别大,要考虑不同的防虫鼠措施。而且建筑物内部墙面、地面出现裂缝,要及时修补,防止成为虫鼠藏匿地。

通常单一的防虫防鼠措施不能完全控制各类虫鼠(飞虫、爬虫、鼠类和鸟类等)的风险,企业可根据当地环境和实际情况,建立包括多种方法的虫害控制系统,也可以委托相应的外包公司提供服务,通过定置绘图、编号标识、定期检查评估效果和必要时的趋势分析,综合控制虫鼠和其他动物对生产产品带来的风险。

2. 厂房与设施的维护维修

厂房与设施必须定期进行维护(一般是预防性的),并不定期按运行情况进行维修(一般是故障性的)。所有维护和维修工作的本质都是为了保障生产运转,保证产品质量。

厂房和设施的维护、维修应有确定的部门(人员)负责,建立相应管理文件和记录,这些都是体系的重要组成部分和保障。

部分厂房与设施进行维护或维修后,需进行再次验证后才能投入使用。

对于维护和维修过程中需要更换备件时,优先考虑使用"相同备件",即指与原件具有相同的制造商、备件号、材料结构、版本等特性。如果不能实现,至少也采用在性能、技术规格、物理特性、可用性、可维护性、可清洁性、安全性等方面与原件可匹配的备件。

■ 检查要点

1. 现场查看是否配备了相关设施,且设施齐全,能够满足产品的特性,且不会对产品产生影响。

2. 检查是否有有效防止昆虫或者其他动物进入的措施。

3. 查看是否建立防虫鼠的管理程序,对防虫防鼠设施进行定期检查和维护,及时清理捕获物,有专人负责记录,保证其运行正常、有效。

4. 查看是否有厂房与设施维护和维修的管理文件,明确了相应责任部门(人员)、操作对象、时间期限或周期(频率)、操作内容、接受标准等内容,有相应的记录。

5. 核查厂房与设施进行维护和维修,如改扩建厂房、维护和维修空调系统、水系统、生产设备设施时,不能影响正在生产的产品质量。

■ 检查方法

通过现场检查和文件检查的相结合方式,查看是否有防虫鼠的文件规定,并现场核实生产车间、仓储区域的五防措施和相关设施是否齐全,是否能有效防止昆虫或者其他动物进入。

通过现场检查和文件检查的相结合方式,查看厂房与设施维护和维修的管理文件及记录,核对内容是否齐全、可操作。可在现场记录设备的编号,抽查对应的维护和维修记录,如空调系统、水系统、关键生产设备等均可,核查是否按照文件规定的频次、内容、要求等进行了操作,记录清楚、完整,维护时间、内容、操作人员等信息可追溯。

第十六条 生产区应当有足够的空间,并与其产品生产规模、品种相适应。

■ **条款解读**

本条款明确生产厂房和设施的空间要求,应能满足生产的规模、产品的特性。

生产区应当有足够的空间,使生产活动能有条理的进行,从而避免工序污染、产品混淆、工艺差错、控制遗漏等各种错误情况,防止生产行为不可控,风险加大。

在生产区平面布局中,足够的空间要综合考虑各种因素,必须考虑的重要因素包括但不限于:

(1) 产品的规模:决定着生产的产量、生产线的排布等。

(2) 产品的复杂程度:产品生产的工艺布局、加工步骤等。

(3) 产品的种类:大型设备类,如 CT;材料类,如可吸收缝合线;有源器械类:如监护仪;体外诊断试剂类等。

(4) 产品的特性:工序必要的防护空间、使用设备占用的空间、产品本身的尺寸、包装形式等。

(5) 多种产品之间的相互影响:防止污染、混淆等。

(6) 辅助生产区域的空间需求:工器具清洗存放、洁具清洗存放、模具存放等。

(7) 工艺设备支持系统的空间需求:捕尘系统、冷却系统、循环系统。

(8) 人流、物流:人流通道即厂区的人员进入的通道;物流转运通道即原物料、产品进出生产区的通道。应能满足工艺的要求,不能对产品造成影响和污染。

通常,在满足上述因素的条件下,最终确定最小的生产空间,是有利于管理,有利于减少环境清洁及维护保养工作,有利于节约能源。

对一个已经存在的生产空间,如果要增加新的产品或产能,是否对原有产品及产能产生影响,并且按照最多的生产品种、最大的生产能力来综合评估该区域空间与新增产品或产能是否相适宜,多产品同时生产时还需评估共用厂房设施是否能满足所生产的每一个产品的要求。

■ **检查要点**

1. 现场查看生产车间、仓储空间是否足够,能够与产品生产规模、复杂程度、品种、特性相适应。

2. 现场查看生产车间、仓储空间及设施设备的设计、布局是否合理,能满足产品的特性且不会对其中生产的所有产品产生影响。

3. 对于产品种类、规格繁多的生产企业,现场查看相应的原材料、包装材料、中间品、产品等,是否有足够的物理空间来储存。

■ **检查方法**

通过与企业人员的沟通及查看文件、资料、产品技术要求、产品使用说明、宣传图册等,了解生产的产品种类、特性、数量、规模等。在此基础上,结合文件,现场查看厂区、生产区布局图和设施设备清单(与工艺流程图中产品工艺过程相比对)是否完整、合理;现场查看各生产区域、仓储区域的空间、面积和物品摆放密度。

> **第十七条**　仓储区应当能够满足原材料、包装材料、中间品、产品等的贮存条件和要求,按照待验、合格、不合格、退货或者召回等情形进行分区存放,便于检查和监控。

■ **条款解读**

本条款对产品仓储区域的进行了规定,包括①满足原材料、包装材料、中间品、产品等的贮存条件和要求;②不同物料分区存放;③方便检查和监控。

1. **仓储区设置的基本要求**

生产区应当有足够空间,并与产品生产规模、品种相适应。仓储区应当能够满足原材料、包装材料、中间品、产品等贮存条件和要求。

仓库的地面要求平整,地面结构要考虑承重,高层货架要考虑取放顶层物料的空间和安全。

仓库的通风和照明要与储存物料的要求相匹配,仓库门宜常态关闭,如果需要开窗进行自然通风,要有防止昆虫进入的措施。

有仓库清洁用的相应洁具,如拖把、抹布等,仓库内不宜设地沟、地漏,防止细菌滋生。

固体物料和液体物料宜分开放置,特殊生物制品、有毒有害化学品、易燃易爆危险品物料的管理要严格遵循国家有关规定,设置危险品库、毒品库等。

仓库内使用的叉车、推车等工具,要有相应存放区域,有清洁、使用和保养记录。

2. **分区存放的基本要求**

仓储区应当按照待验、合格、不合格、退货或召回等进行有序、分区存放各类材料和产品,便于检查和监控。

原材料通常可以分为合格(放行)、待检验(未放行)、不合格(不得放行)。半成品、成品通常可以分为合格、不合格品。不同状态的物料、半成品、成品要有相应标识来区分,避免混淆。如为灭菌产品要明确区分已灭菌和未灭菌的成品。

不同质量状态、环节的物料应分开存放,最好在物理上进行分隔。如果由于条件限制不能物理分隔的,例如分库存放,应分区域存放并标识清楚。

通常的物料状态标示可以用颜色来区分,绿色为合格,黄色为待检验,红色为不合格。

物料的标识一般应有物料名称、企业内部的编号/批号、产品批号、数量、生产工序(必要时)、物料质量状态、质量状态的签发人、签发日期。

厂房和设施应与所生产产品的生产规模、品种要求相适应,厂房布局合理,密度合理,仓储区按照要求分区并标识清晰,有货位卡或者仓管系统,可以识别产品名称、进出记录、在库情况、批号数量等信息。

仓库的总体管理原则一方面是对物料进行有序分类管理,避免误用,另一方面还应能防止物料在仓库保存、转运时损坏、变质、过期。

用于存放原材料、成品的仓库,与外界和生产区域的交界处应能做好相应防护,避免受天气影响。

生产过程中的物料储存区的设置宜靠近生产单元,便于转运。

对有储存条件要求(如温度、湿度)的物料,应当有相应的温湿度控制措施,并确保有效。有些物料,如电子元器件,对仓库的防尘有要求,也应满足。

如果采用计算机化仓储管理系统,物料的状态标识及隔离如在经过验证的计算机系统中标注清晰,现场可不设计物料的物理隔离。

3. 危险化学品的管理

危险化学品,是指具有毒害、腐蚀、爆炸、燃烧、助燃等性质,对人体、设施、环境具有危害的剧毒化学品和其他化学品。医疗器械在贮存和使用危险化学品时应按照《危险化学品安全管理条例》的有关规定来进行,防止误用错用。

危险化学品应当储存在专用仓库、专用场地或者专用储存室(以下统称专用仓库)内,并由专人负责管理;剧毒化学品以及储存数量构成重大危险源的其他危险化学品,应当在专用仓库内单独存放,并实行双人收发、保管制度。储存危险化学品的单位应当建立危险化学品出入库核查、登记制度。

图3-3为仓库平面布局图示例。图中仓储区按照原辅材料、成品、包材、标签等材料和物品的不同性质分开存放,且单独设置了待验区、合格、不合格、退货区等进行有序、分区存放各类材料和产品。

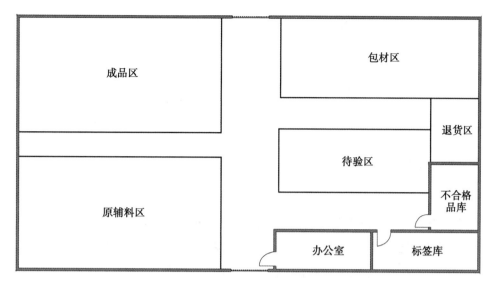

图3-3 仓库平面布局图示例

■ **检查要点**

1. 现场查看仓储区域设计、布局是否合理,仓储、半成品存放是否有货架或存放空间,标识明确,不同品种间的生产或仓储如有交叉污染的可能性,是否隔离、分开。

2. 现场查看是否设置了相关区域并进行了标识,对各类物料是否按规定区域存放,区域划分、标识标志是否清晰,明确。

3. 现场查看是否有各类物品的贮存记录。记录是否清晰、完整,有名称、规格型号、批号、数量、进出情况、库存情况、经办人员等信息,便于追溯。

4. 对原材料、包装材料、中间品、产品存储有贮存条件和要求的,是否配置了相应的设施设备,如温湿度调控设施等,并定时记录参数;现场查看解析库是否有通风设施,通风良好。

■ **检查方法**

现场查看原料库、中间品库、成品库、留样库、解析库等场所,面积与生产规模相适应,查看仓储、半成品存放是否有货架或存放空间,分区并标识清晰,有货位卡或者仓管系统,可以识别产品名称、进出记录,在库情况,批号数量等信息,独立批号的分区放置,原材料出、入库台帐具可追溯性。现场可抽查部分物料或产品的贮存记录,在资料检查时,与物料采购信息、领用信息、成品生产、销售信息的名称、批号、数量等结合查看。

通过对产品的了解,对有温、湿度等贮存条件要求的产品,现场查看实时的温、湿度记录,在资料检查时也可以抽查温、湿度历史记录,查看企业是否能按照文件规定定时记录参数,且能满足产品贮存的要求。

第十八条　企业应当配备与产品生产规模、品种、检验要求相适应的检验场所和设施。

■ 条款解读

本条款对产品检验场所和设施的规定,要求应能满足生产的规模、产品特性、检验的需要。本条款可与第九章质量控制的条款相结合开展检查。

《医疗器械监督管理条例》第二十条和《医疗器械生产监督管理办法》第七条规定:从事医疗器械生产活动,应当具备质量检验的机构、人员及设备。本条款中提到的检验场所和设施就是为了满足产品检验而不可缺少的硬件条件。

检验区域的环境和设施设备能满足生产规模、品种、检验要求。面积适当,如产品有特殊要求,应建立理化实验室、无菌室、微生物限度室、阳性对照室、准备间等。

因医疗器械生产品种的不同,企业规模的不同,仪器装备的水平不同,检验用方法不同,每个企业的质量控制区的布局也会不同,有的检验场所可独立设置,有的可和生产场所设置在一个区域内。

检验场所应有足够的空间来满足各项实验的需要,每一类操作有适宜的区域,不互相影响和干扰。一般建议的布置原则是:检验样品不宜转运的,靠近生产工序设置;检验环境有特殊需求的,如静音室、辐射室、无菌实验室,要按相关标准建造,做好防护措施。

图3-4为一无菌产品生产企业检验室平面示意图。该检验室包括无菌实验室、微生物限度室、阳性对照室,均设计为万级洁净环境。阳性室与其他两个实验室通过单独的人流物流通道进出,有效防止了交叉污染。阳性间设计成室内空气非循环直排,相对负压。准备间、仪器室设计在实验室的附近,有效减少了中转环节,布局较合理。

■ 检查要点

1. 检查企业是否配备产品生产规模、品种、检验要求相适应的检验场所和设施。

2. 核查检验区域设计和布局是否合理,与产品生产规模、品种是否适应。

3. 核实企业是否具备相关检测条件,能满足每一项检验要求。

4. 现场查看物理化学实验室、无菌室、准备、精密仪器室等场所,面积与生产规模相适应。

5. 如检验设备有特殊要求,应配置相应的设施和环境,如设置精密仪器室、控制温湿

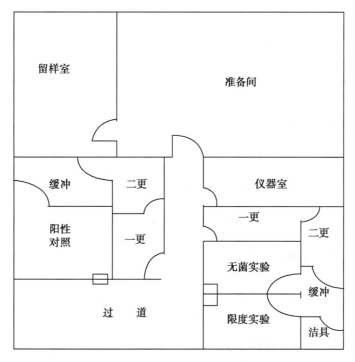

图 3-4 检验室的平面布局图示例

度设施、在分析天平设置防震台等。

■ 检查方法

检查员应熟悉产品以及企业指定的相关标准和和要求,查看产品的技术要求,知道产品的基本性能及所需符合的国家标准、行业标准的要求,以及企业制定的检验规程。了解产品质量控制相关的检验项目,结合产品特性进行检查。对照产品生产工艺的要求和产品检验要求以及检验方法,查看检验区的布局图及检验的设施设备清单。在现场查看时可根据各个产品检验作业指导书上的项目,一一核实企业是否具备相应的设施和场所。

三、注意事项

1. 由于每个企业所生产的产品特性不同,规模不同,所以厂房设施没有完全一致的,应结合企业的实际,在综合整个章节的条款后进行评价。

2. 无菌、植入、体外诊断试剂的产品由于其特殊性,厂房设施的要求与一般产品有较大不同,在本章节中未作出明确规定,但不代表没有要求,除需符合本章节的要求外,具体可参见三个附录的要求。

3. 在开展现场检查前,应对企业所生产的产品以及产品的特性有所了解,现场查看是一般按照产品形成的走向进行,一般需把所有涉及现场的条款,一次看完。

4. 本章节的条款以现场检查为主,查看文件资料为辅,在查看文件、记录时,可在现场查看实时记录,此时的记录内容可以较少,仅反映当时、当天或某一段期间的记录,其他已归档的记录可以在查验文件记录时请企业提供。

 常见问题和案例分析

◎ 常见问题

1. 厂区布局不合理,行政区、辅助区对生产区造成影响。

2. 生产工序布局不合理,工艺过程往复。

3. 生产、仓储空间或面积偏紧。

4. 功能性房间不全,如缺少解析间、留样间、准备间等。

5. 仓储区域空间不足,物料未分区分类存放,账卡物、名称、进出数量、批号等信息不能有效识别。

6. 对有温湿度等特殊存储要求的原物料、半成品、成品存放环境,无监控措施或不能提供监控记录。

7. 检验场所、设施不能满足产品的检验要求。

◎ 典型案例分析

【案例一】 某天上午10时左右,在现场检查某企业库房时,检查员要求企业提供库房的温湿度记录,库管人员称为了配合检查,所有记录已放至会议室。待检查组返回会议室查看文件和记录,发现企业文件要求每天上午 10 时填写的温湿度记录(含检查当天)都已填好,数据基本没有波动。

分析:部分企业的记录填写没有做到及时即地,是走过场。此案例中,每天的温湿度记录应当按照文件规定实时填写,且应在工作现场。过去一段时期的历史记录方可进行归档整理。在现场检查时,企业某些过分"周到"的表现,反而反映出其不按照文件规定进行及时监测和记录,甚至编写记录的实际情况。

【案例二】 检查人员现场查看某企业的净化系统维护和保养记录时,注意到其空调系统在某天进行了维修并更换过过滤器,但是在查看其生产记录时发现,企业实施维修的当天其生产是正常进行的。

分析:在厂房和设施的维修保养过程中,企业应当停止生产以免维修过程影响产品的质量。在维修结束后,实施设备应当经过验证或监测,洁净厂房还应当进行环境监测,确认维修后不会对产品造成负面影响,方可恢复正常生产。同时,维修记录应填写完整,做到维修的时间、内容和项目、操作人员等信息可追溯。

四、思考题

1. 厂房布局一般应遵循哪些原则?

2. 在生产区平面布局中,足够的空间要综合考虑各种因素,必须考虑的重要因素包括哪些?

3. 以 EO 灭菌产品为例,试验区应设置哪些区域和实验室,有何要求?

参考文献

［1］中华人民共和国行业标准 . 无菌医疗器具生产管理规范［R］2000.YY0033.

［2］中华人民共和国行业标准 . 医药工业洁净厂房设计规范［R］2008.GB50457.

［3］中华人民共和国国务院 . 医疗器械监督管理条例［R］2014.650.

［4］国家食品药品监督管理总局药品认证管理中心 . 药品 GMP 指南［M］. 中国医药科技出版社 .2011.

［5］中华人民共和国国务院 . 危险化学品安全管理条例［R］2011.344.

(沈沁　汪娴)

第四章

设 备

一、概述

　　企业所生产的医疗器械是否能够满足预期用途或达到临床应用效果的有效性和使用的安全性主要取决于产品的策划和设计开发,但医疗器械质量的优劣与生产过程有着密切的关系。特别是随着科学技术的飞速发展,加上医疗器械往往是多学科交叉,设计开发的复杂性也越来越高,设计开发和生产过程控制的重要性就更加突显,严格按《医疗器械生产质量管理规范》要求进行的、优质的设计开发能够避免很多使用风险或潜在的使用风险,同样,具有符合《医疗器械生产质量管理规范》要求的生产设备、工艺装备、检验仪器和设备及计量器具,加上高效而又稳定的生产过程能够起到持续地生产出符合要求的医疗器械的作用。

　　在医疗器械企业的生产过程中,影响产品质量的主要因素可归结为:人员、设备、物料、加工工艺与管理规定、生产环境和设施,质量检测等,也就是我们通常所说的"人、机、料、法、环、测"。在这些影响因素中,生产设备对医疗器械质量的影响是至关重要的,因为在产品实现过程中,生产设备是确保所生产医疗器械质量的重要物质条件,也是实施《医疗器械生产质量管理规范》的必不可少的硬件条件。生产过程中设备是否适宜并能确保正常运转是直接影响生产进度和产品质量的重要因素。因此,为了确保医疗器械的生产质量,应当加强生产设备的检查、维护和管理,保证其处于完好并能够有效运行的状态。对于有清洁或洁净度生产环境要求的医疗器械,生产设备还要符合生产环境的要求,不对生产环境带来污染或影响。此外,为了减少人为因素对产品质量的影响,生产企业越来越广泛地使用计算机控制的全自动生产设备,这也对设备的结构、日常维护、保养和定期检修及操作等提出了更高的要求。医疗器械生产企业要发展壮大,不仅要注重提升其管理水平、人员素质、企业外在形象等,也应当不断对生产设备更新换代。作为医疗器械监管人员,也应当倡导技术进步,鼓励企业通过使用先进的生产技术,包括先进的生产设备、先进的生产工艺和先进的管理技术来提高生产效率和保证产品质量。

工艺装备(简称"工装")是属于人、机、料、法、环、测中"法"的重要条件之一,即为了保证加工工艺(作业指导书或工艺规程)实施的基础手段。工装质量的好坏对生产能力和产品质量起着决定性的作用,特别是那些靠工装来保证产品质量的生产过程,如输液器生产中导管的挤出模具、滴斗的吹(注)塑模具等,完全是通过对工艺参数的控制并借助模具来保证零件的外观、尺寸和内在品质。因此,必须制定工装的管理文件,在外购或外协工装的验收,自制工装的检验及新工装的验证,在用工装的检查、维护和管理及维修等方面做出规定,以保证工装的质量,从而保证所生产零配件的质量,进而保证医疗器械成品的质量。

人们常说,医疗器械产品质量是设计出来的、生产出来的,而不是检验出来的。但是,检验的确能够为医疗器械产品的质量起到必要的把关作用。企业在生产过程中,医疗器械的质量、构成医疗器械零部件的质量及其所用原材料的质量是否符合要求,均要通过检验仪器和设备及计量器具的检验、测量才能确定。通过检验可防止不合格的原料投入生产、可防止不合格的零配件进入下一个加工过程、可防止不合格的成品医疗器械交付给用户或用于临床。所以,检验仪器和设备及计量器具在控制医疗器械质量方面与生产设备同样重要,也是确保医疗器械质量不可或缺的重要物质资源条件。而且这些检验仪器和设备及计量器具所显示的检测结果是否准确,将直接关系到判定产品是否符合要求的正确性。因此,应当做好检验仪器和设备及计量器具的校准、检定或测试,以保证其处于完好、准确、可靠的工作状态。除医疗器械监管部门允许委托的检验项目外,企业应当根据医疗器械注册或备案时提交的产品技术要求,并结合产品特性、生产工艺、生产过程、质量管理体系等确定的生产过程中各个环节的检验项目配备相适应的检验仪器和设备及计量器具。

《医疗器械生产质量管理规范》的第五章共有5条,提出了企业应当具备医疗器械生产过程中所需要的生产设备、工艺装备、必要的检验仪器和设备及计量器具的要求,以及为确保其满足所生产产品、生产规模和质量检验所进行的管理和使用等方面的要求。

二、条款检查指南

第十九条 企业应当配备与所生产产品和规模相匹配的生产设备、工艺装备等,并确保有效运行。

■ 条款解读

本条款是《医疗器械生产质量管理规范》对生产企业应当正确进行医疗器械生产所需要的生产设备和工艺装备配备的要求。生产设备是指在医疗器械生产企业中直接参加生产过程或直接为生产服务的设备,或者说是在医疗器械形成的整个过程中所用到的与该医疗器械生产有关的设备,即所有零件、配件或组件、半成品、最终成品加工和包装及传送设备。工艺装备是指为实现工艺规程所需的各种刃具、夹具、量具、模具、辅具、工位器具等的总称。

1. 适宜的生产设备和工艺装备

企业经过市场调研、设计开发等一系列过程,形成所要生产医疗器械的技术文件、资料和工艺文件等。生产企业配备的设备是不是满足要求应主要考虑,一是实现生产工艺的要求,也就是用它能够加工生产出所需要的产品,二是设备本身所具有的加工能力。所以适宜的生产设备是指企业根据制订的成品、部件或组件、零件等加工工艺规程的要求及设计规划的产量来配备的生产设备,其加工精度、工艺参数、生产能力等均能满足预期要求。适宜的工艺装备是为了制造产品所必不可少的辅助装置,有的是为了保证加工的质量,有的是为了提高劳动生产率,有的则是为了改善劳动条件。如机械切削加工中的刃具、夹具、注塑加工中的模具、电子设备调试时需要的通用或专用调试台、某些设备装配时所需要的辅具和专用工作台、某些零件或部件在工序转运过程中的特制容器或保护装置及专用工位器具等,都属于工装的范畴。

在《医疗器械生产质量管理规范》检查中,核查生产设备和工艺装备是最基本的要求,也是一项很重要的工作。但是,由于医疗器械涉及的技术领域广、行业跨度大、专业性强且门类繁多,包含了各种高新技术,例如光学、机械、电子、电器、医用材料等,医用材料又有金属材料、医用高分子材料、医用陶瓷材料、医用天然材料、医用复合材料等,而且大多是其组合,所以在医疗器械生产中也会采用到不同的加工技术,不同的医疗器械生产企业配备的生产设备不尽相同。即使生产相同的医疗器械,如果采用的生产工艺不同,配备的生产设备也不会完全相同。所以,对于医疗器械生产设备、工艺装备的检查会有相当的难度,这就要求检查员具备一定的医疗器械生产相关的专业知识和经验。

企业配备的生产设备、工艺装备是否与生产的医疗器械相匹配,只能现场观察企业是否能够通过所拥有的生产设备、工艺装备生产出满足设计和质量要求的零件、配件或组件、半成品和最终产品;其生产设备和工艺装备的功能和参数是否达到了生产工艺的要求,特别是与生产设备和工艺装备配套的具有监视和测量作用的仪器、仪表等能否按工艺要求实现控制;企业所采用的加工工艺是否为成熟的技术;所使用的新技术、新设备、新工

艺是否经过验证。这些都是现场检查重点要考虑的内容。

2. 实现均衡生产

对于企业配备的生产设备和工艺装备是否和生产规模相匹配,也可以通过是否能够实现均衡生产来考察。所谓均衡生产,是指在完成计划的前提下,产品的实物产量或工作量或工作项目,在相等的时间内完成的数量基本相等或稳定递增。企业通常会根据生产设备的技术属性和工艺参数选择一台或多台设备,并考虑相关生产过程设备生产能力的配套性,实现均衡生产,也就是生产过程的各环节具有大体相同或相近的生产效率,不会出现某些零件、部件或组件、半成品的积压或短缺。特别是有些医疗器械,例如某些无菌医疗器械的某些关键零件或部件的长时间存放有可能会影响医疗器械质量或产生使用风险,均衡生产就显得更加重要。当然,均衡不仅仅是在数量上,也包括品种、工时、设备负荷等的全部因素的均衡。所以影响均衡生产的因素,除了原材料、外购件、外协件等供应是否及时、生产计划安排是否周详、调度是否适当外,生产设备的加工能力是否配套也是一个非常重要的因素。

3. 设备和工装的有效运行

生产设备、工艺装备始终处于良好状态,材料、外购件保证及时供应,操作者技术水平良好等都是实现均衡生产并与生产规模相匹配的前提和保证。所以,要确保设备和工艺装备有效运行,制造生产设备和工艺装备所选用的材质应科学、合理、适用,对于有清洁或洁净要求的,生产设备的有关零部件应方便拆卸与清洗,生产设备运行应稳定和可靠,以及尽可能达到无故障或故障率较低,操作者须经过技术培训,并应制定生产设备和工艺装备的管理文件,加强生产设备和工艺装备的日常检查、维护和管理。

4. 法规要求

《医疗器械监督管理条例》第二十条和《医疗器械生产监督管理办法》第七条均要求:从事医疗器械生产活动,应当具备与生产的医疗器械相适应的生产场地、环境条件、生产设备以及专业技术人员。YY/T0287(ISO13485)在第 6 章"资源管理"中要求应有"过程设备",在第 7 章"产品实现"中要求"使用适宜的设备"。

5. 特别关注

在《医疗器械生产质量管理规范》检查实践中,我们会注意到:有些医疗器械,例如输液器、注射器、各种血管内导管等,虽属于高风险产品,但其结构比较简单,产品本身的技术含量并不很高,生产技术也并不十分复杂。对于这类医疗器械生产企业,一般会要求其应当具备所有零配件的生产能力,或允许外购有医疗器械注册证的零配件,而且与人体组织、血液或药液接触的材料应当达到医用级要求。但也有的医疗器械不仅风险类别高,产品本身的技术含量也很高、而且生产技术也相当复杂,像一些大型有源医疗器械,有的可能是由数千个零件和上百种材料构成的,这些零部件,特别是一些电子元器件,都由医疗器械生产企业来生产是不可能。但医疗器械是关系公众健康的特殊商品,外购件的质量对医疗器械的质量有着重大的影响,因此,要求企业应当高度重视并控制外购件和原材料的质量,例如,应当购买质量有保障的品牌产品、通过 3C 认证的电子或电器产品、有医疗器械生产许可证的产品、符合医用要求的原材料等,以满足医疗器械的质量要求。此外,还应当特别关注医疗器械监管部门对该类医疗器械的监管及相关法规的要求,包括对委托生产的要求等。例如,国家食品药品监督管理总局"关于生产一次性使用无菌注、输器具产品有关事项的通告"(2015 年第 71 号)要求,一次性使用无菌注、输器具产品生产企业生产产品的全部注、挤、吹塑件均应在本厂区内生产;重要零、组件应在本厂区 100 000 级洁净区内生产(自制或外购的产品单包装袋在 300 000 级洁净区内生产),其中与药(血)液直接接触的零、组件和保护套的生产、末道清洗、装配、初包装等工序,必须在本厂区同一建筑体的 100 000 级洁净区内进行。一次性使用注射器、输液器的配套自用组装注射针或静脉输液针的外购针管(含已磨刃的针尖),必须是持有一次性使用无菌注射针或静脉输液针产品生产许可证和产品注册证企业的产品。外购的配套用注射器活塞、金属插瓶针、一次性使用注射针、一次性使用静脉输液针必须是持有医疗器械生产许可证和产品注册证企业的产品等。

■ 检查要点

1. 对照生产工艺流程图,检查设备和工艺装备清单,所列设备是否满足生产需要,即与所生产医疗器械有关的所有零件、部件或组件、半成品、成品均配备了生产设备、工艺装备。需要外购、外协或委托加工的是否符合相关规定。

2. 检查生产设备和工艺装备的加工工艺、工艺参数、加工精度是否适合并满足所生产医疗器械零件、部件或组件、半成品、成品的质量性能的要求。

3. 核查现场设备是否与设备清单相关内容一致,并检查所配备的生产设备、工艺装备的技术参数和能力是否与企业设计的生产规模或计划的产量相适应。

4. 查阅生产设备和工艺装备管理文件,其规定能否保证生产设备和工艺装备的有效运行。

■ 检查方法

对本条款的检查可采取查看生产现场和查阅体系文件与设备档案资料及生产计划或产量估算核查相结合的方法。在检查生产现场时应查看全部生产设备和配套使用的工艺装备,除外购、外协或委托加工的外,组成产品的零件、配件或组件、半成品均应能够在本企业生产,并考察有无零件和(或)配件存在积压现象。综合考虑后,根据评审时间和企业生产设备数量确定是全部还是重点抽查 3~5 台影响所生产医疗器械质量的关键零件或部件的生产设备,及其加工零件或部件的技术图样,并通过设备档案查阅生产设备随机技术资料和工艺装备的设计制造文件资料,对比其工艺参数、加工精度和生产能力等是否与所生产零件或配件技术图样上的要求相适应并结合生产计划和销售量估算是否能实现均衡生产,即与生产规模相匹配;查阅质量管理体系文件,是否制定并实施能确保有效运行的生产设备、工艺装备的管理文件。

> **第二十条** 生产设备的设计、选型、安装、维修和维护必须符合预定用途,便于操作、清洁和维护。生产设备有明显的状态标识,防止非预期使用。
>
> 企业应当建立生产设备使用、清洁、维护和维修的操作规程,并保存相应的操作记录。

■ 条款解读

本条款是《医疗器械生产质量管理规范》对生产设备设计、选型、安装、维修和维护的要求,包括必须符合预期用途;便于操作、清洁和维护;明显标识;以及相应的文件和记录的要求。

1. 设计、选型与安装

如果生产设备的结构设计不合理、制造材料选择不当或其功能不够完善,将会在使用过程中达不到生产工艺和医疗器械质量的要求;如果安装不合理,也会造成设备操作、维修、维护,工装模具和零件或部件更换,清洁的不便而影响医疗器械生产质量。如,生产环境有洁净度级别要求的无菌医疗器械,洁净(室)区内使用的设备、工装等不应因发尘、扬尘、积尘和不便于清洁处理而污染洁净环境,与物料或零件直接接触的设备或管道表面应无毒、耐腐蚀,不与物料或产品发生化学反应和粘连,且无死角并易于清洗、消毒或灭菌,还应便于生产管理中的清场等。医疗器械生产中所使用的生产设备包括无菌医疗器械生产所用到的设备,一般选用的是普通工业产品加工用的生产设备,从无菌医疗器械生产角度看可能存在着结构不合理(运动或传动机构暴露在外面)、表面粗糙、密封不严、机械磨损和润滑油渗漏等有可能会造成产品的污染。所以如果购置的设备不能满足洁净区和无菌医疗器械生产的要求,应对其进行改造和装饰,例如加装防尘和防污染装置等。医疗器械生产设备的设计、选型、安装维护和维修必须满足所生产医疗器械的质量、生产工艺、制造环境、质量控制,以及物料或零部件周转、储存、清洁处理、清场、温度、湿度、压力、消毒、灭菌等特殊的要求。

　　2. 设备验证

　　生产设备安装、调试完成后,是否能达到预期的用途,必须对其进行验证。验证前要制定验证计划或方案,验证过程中要有验证记录,验证完成后要及时形成验证报告,验证报告应当评审和批准。设备验证主要包括:设备的设计确认、安装确认、运行确认、性能确认。

　　(1) 设计确认:主要是检查设备的设计、选型及技术参数是否符合预期用途和《医疗器械生产质量管理规范》的要求。

　　(2) 安装确认:这个阶段主要是对设备进行各种检查,以确认设备是否被正确的安装,既要符合设备制造商的要求,也要符合医疗器械生产企业的要求,确保其设计、制造、放置和安装均是适当的,且便于维护、调整、清洁和使用。

　　(3) 运行确认:在设备按技术规范提供并正确安装后,通过对设备进行试运行,确认设备的运行状态和技术参数,以确定设备是否达到了预定的技术要求。安装确认和运行确认是设备验收的先决条件。

　　(4) 性能确认:设备的性能确认是设备验证的核心内容,目的是通过生产确定设备是否能稳定的生产出合格的零件、部件或成品,当然也是对设备生产效果、安全保护措施、维修管理状况等性能的综合确认,只有确认设备运行状况平稳可靠,生产产品满足质量要求,维修管理方便,且不会对生产环境和医疗器械产生不利的影响之后,才能基本确定设备达到预期用途。

　　3. 状态标识

　　设备状态是指设备根据不同的用途和加工工艺的要求,设计制造时所具备的工作能力和各种特性指标,如工作精度、性能、运动参数、能源消耗、安全环保装置等所处的状态。设备的当前状况是设备管理人员和生产管理人员及设备操作人员十分关注的问题。设备状态标识可准确地将设备当前状态标示清楚,包括完好或正常、维修、停用等常见状态。设备完好或运行正常是指设备处于完好或正常的技术状态。企业应制定各类设备性能完好或正常的检查评定标准,作为本企业对该各类生产设备进行检查评定设备完好的依据。在制定检查评定标准时一般应考虑以下三个方面内容:

　　(1) 设备性能良好,精度或能力能满足工艺要求;动力设备的输出能达到原设计要求,运转无超温、超压现象。

　　(2) 设备运转正常,零部件齐全,电气、安全防护装置可靠,磨损、腐蚀程度不超过规定的技术标准,操作和控制系统、主要计量仪器、仪表和液压、润滑系统等工作正常,灵敏可靠。

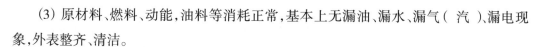

(3) 原材料、燃料、动能、油料等消耗正常,基本上无漏油、漏水、漏气(汽)、漏电现象,外表整齐、清洁。

设备管理部门或操作人员应在设备日常维护、维修或定期检查后,对设备是否完好或能否正常使用或发现设备异常等状态一定要做出明显的标识,以防止设备的非预期使用,造成设备的进一步损毁或生产的零件、部件或成品不符合要求。

4. 设备管理

企业在质量管理体系文件中应对设备管理做出文件规定,其内容至少应包括设备购置、安装、验证、建档、唯一性标识、日常维护、维修、定期检查、状态标识及操作人员的培训等,同时应当对每一台影响医疗器械质量的生产设备建立设备档案。每台设备应有唯一性标识,包括多台相同的设备。企业应制定生产设备使用、清洁、维护和维修的操作规程。操作规程除一份存档外,还应放置在使用人员便于获得的地方。企业还应当保存相应的操作、使用记录、设备清洁、维护、维修记录等。

■ **检查要点**

1. 检查生产设备的设计、选型、安装、维修、维护是否符合其预定用途。

2. 现场查看生产设备周围空间是否便于操作使用、清洁处理、维护和维修。

3. 检查企业对生产设备是否进行了验证,查阅生产设备验证记录和(或)报告,验证结论是否能够说明满足预期用途。

4. 现场查看生产设备是否处于良好状态,有无状态标识,标识是否明显,能防止误用。

5. 检查生产设备管理规定和设备使用、清洁、维护和维修的操作规程,操作规程是否易于获得使用;设备使用、清洁、维护和维修记录信息是否充分,能满足产品质量追溯的要求。

■ **检查方法**

对本条款检查采取查看生产现场和查阅设备档案资料及设备管理文件相结合的方法。在参观生产现场时应查看全部生产设备有无状态标识和使用、清洁、维护和维修记录,设备安装是否能便于操作,是否有足够的空间对设备进行清洁、维护和维修;查阅设备档案,重点抽查几台关键工序的设备,是否进行了验证,并有验证计划或方案、验证记录和(或)报告,验证结果能否表明满足预期用途;同时查阅生产设备的管理文件以及使用、维护、维修记录档案。

> **第二十一条** 企业应当配备与产品检验要求相适应的检验仪器和设备,主要检验仪器和设备应当具有明确的操作规程。

■ **条款解读**

本条款是《医疗器械生产质量管理规范》对企业为了开展医疗器械检验工作,配备必要的检验仪器和设备的要求。除了硬件要求外,还提出了软件要求,即建立明确的操作规程。

企业需要对医疗器械生产中所需外购的原辅材料、外购件、外协件及委托生产的部件或组件等进行进货检验;在医疗器械生产过程中,由本企业生产的零件、部件或组件、半成品等进行过程检验或工序检验;医疗器械交付给用户前应进行成品出厂检验,以确保所生产的医疗器械符合注册或备案时的产品技术要求。所有这些检验活动都需要借助检验仪器和设备来进行。

1. **检验仪器和设备的要求**

企业应按医疗器械监管部门发布的有关规范和文件的要求及注册或备案的《产品技术要求》所进行的检验项目配备必要的检验仪器。其中产品技术要求必须包括强制性国家标准、行业标准和(或)《中国药典》对该医疗器械要求的检验项目,包括为了使医疗器械成品满足《产品技术要求》的性能指标要求对原材料和外购件所进行的进货检验、对生产过程中的零件和部件或组件所进行的过程检验或工序检验、对最终医疗器械成品所进行的出厂检验项目。检验仪器和设备的性能参数、技术指标包括量程、准确度等应满足企业进货检验规范、过程检验规范和产品技术要求中各项性能指标的要求,例如,检验仪器和设备的量程应大于被测数据的范围;检验仪器和设备的示值应比检验规范要求的数值多一位等。同时,也应当考虑检验仪器和设备的检验能力(包括配备台数)与检验工作量相适应。

2. **检验仪器和设备使用要求**

企业在质量管理体系文件中应对检验仪器和设备的购置、安装与调试、验收等作出规定。验收合格、投入使用前应根据检验仪器和设备的技术规范、制造商提供的使用说明书,结合检验仪器和设备的复杂程度、精密程度和准确度及人员技术水平建立适宜的、满足检验工作要求的检验仪器和设备操作规程。操作规程应便于操作者或使用者容易获得。需要注意的是,不论设备的复杂程度如何,如没有操作规程有可能造成使设备损坏或降低寿命、影响检测结果、危及人身安全、不能正确操作等情况者,必须制定操作规程。

检验仪器和设备除满足使用要求外,其布局应合理,在安装时应当考虑下列因素:采

光、空气调节和通风应便于设备正常工作;确保设备使用安全、可靠,方便操作;防细菌、霉菌、电磁干扰、噪声、振动,正确的电源、温湿度等,保证检验仪器和设备使用的准确性,如临近区域所进行的工作对实验设备有影响时,应采取有效的隔离措施;节约能源、有利于环境保护;摆放整洁、便于维护和维修等。

■ 检查要点

1. 对照所生产医疗器械进货检验、过程检验或工序检验、出厂检验的检验性能指标要求和检验方法,核实企业是否具备相关的检验仪器和设备。

2. 检验仪器和设备是否根据仪器的复杂性和使用人员的能力制定了适宜的操作规程,能满足正确指导操作的需求。

3. 检查操作规程是否摆放在所用检验仪器和设备的附近处或能操作者易于获得。

■ 检查方法

查阅企业制定并实施的关键原材料、外购件、外协件或委托生产部件或组件的进货检验规程、过程检验或工序检验规程、根据医疗器械注册或备案提供的产品技术要求制定的出厂检验规程中涉及的检验仪器、设备或装置与企业提供的检验仪器和设备清单或台帐进行对比;现场检查过程检验或工序检验所需要的检验仪器和设备,在检查检验实验室时,考察进货检验和出厂检验的仪器和设备,对照清单或台帐进行现场实物和技术参数的核查,落实是否具备所需要的、能满足使用要求的检验仪器和设备;同时在查看现场时,查验主要仪器和设备是否制定了操作规程,操作规程的内容是否能正确指导使用并便于获得。

> **第二十二条**　企业应当建立检验仪器和设备的使用记录,记录内容包括使用、校准、维护和维修等情况。

■ 条款解读

本条款是《医疗器械生产质量管理规范》对检验仪器和设备使用记录的控制要求。企业应制定检验仪器和设备使用的管理制度,内容至少包括建立档案、使用、校准、维护与保养、故障维修和报废处理等,对要求建立使用记录的检验仪器和设备企业应当予以识别并进行规定。

检验仪器和设备的使用除应严格执行操作规程外,对检验结果有重要影响、需要满足追溯要求的检验仪器和设备每次使用均要及时进行记录,记录要体现仪器运行情况、被检样品识别、使用人员、环境条件(有要求时)等能够满足质量追溯要求的信息,或者按照检验仪器的使用记录情况调整并使用该仪器,检验结果能够复现的信息。企业应根据有关规范的要求对检验仪器和设备进行校准、检定或测试,按照使用说明书对设备定期进行维护和保养,并对校准/检定或测试、维护和保养及维修等情况进行记录,校准/检定或测试、维修记录要归入设备档案。检验仪器和设备的使用记录,既说明其是在受控的条件下运行,也是质量体系有效运行并符合《医疗器械生产质量管理规范》要求的重要证据之一。

对所有检验仪器和设备均要建立台帐,有唯一性的编号,对检测结果有影响的重要的检验仪器和设备都应建立设备档案。设备档案内容至少包括:设备及软件的名称;制造商名称,型号、系列号及其唯一性的编号;设备收货日期、设备验收记录和投入使用日期;目前放置地点;制造商提供的使用说明书;校准/检定或测试证书或报告;维修的详细情况;损坏、故障、改装或修理的历史记录等。

对检验仪器和设备使用记录的检查要避免检查员对记录的扩大化,即对所有的仪器设备均要求记录的情况,也要避免企业认为所有检验仪器和设备都不重要而不进行记录的情况。

■ 检查要点

1. 检查企业是否对检验仪器和设备使用记录的管理做出了规定。

2. 检查对检验结果有重要影响、有追溯要求的检验仪器和设备的使用记录,记录是否包含了使用、校准、维护和维修等情况。

3. 检查检验仪器和设备使用记录的信息是否充分,至少应包含操作者、所检验样品的描述、运行状态、环境条件(检验规范或标准有要求时)等,以满足质量追溯的要求。

■ 检查方法

在查看生产和检验区域的硬件设备时,顺便抽查对检验结果有重要影响的检验仪器和设备的使用记录,并据此进一步检查检验原始记录和检验报告。在现场检查中,可以抽查几台重要的、有可追溯性要求的检验仪器和设备的几项使用记录,并要求提供与之相对应的检验原始记录和检验报告,核查两者之间的对应性、是否可追溯、所记录信息的一致性。

> **第二十三条**　企业应当配备适当的计量器具。计量器具的量程和精度应当满足使用要求,标明其校准有效期,并保存相应记录。

■ 条款解读

本条款是《医疗器械生产质量管理规范》对企业配备和使用计量器具的要求,包括计量器具的量程、精度和校准及记录的要求。

计量器具是指单独或与一个或多个辅助设备组合,用于进行测量的装置。计量是实现单位统一、量值准确可靠的活动。企业应根据《中华人民共和国计量法》和有关法规的规定,结合本企业的具体情况,制订出本企业的计量管理办法,并对本企业的计量器具实行统一管理,确保在用的计量器具都能追溯到国家计量基准,达到量值的准确、统一。《中华人民共和国计量法》第九条规定,县级以上人民政府计量行政部门对社会公用计量标准器具,部门和企业、事业单位使用的最高计量标准器具,以及用于贸易结算、安全防护、医疗卫生、环境监测方面的列入强制检定目录的工作计量器具,实行强制检定。未按照规定申请检定或者检定不合格的,不得使用。实行强制检定的工作计量器具的目录和管理办法,由国务院制定,其他计量标准器具和工作计量器具,使用单位应当自行定期检定或者送其他计量检定机构检定,县级以上人民政府计量行政部门应当进行监督检查。

检定是指提供客观证据,证明某项目满足规定的要求。本条款所要求的、在医疗器械生产和检验中使用的、与产品质量有关的计量器具应当进行检定或校准,且应由有资质的计量部门进行检定或校准。

医疗器械生产企业涉及的计量器具,一类是在检验工作中使用的计量器具或检验仪器和设备中配置的需要按计量器具管理的计量部件、仪表等,如最常用到的游标卡尺、千分尺、温度计、砝码、仪器仪表等,另一类是生产设备和设施中配置的需要按计量器具管理的计量器具,如无菌医疗生产中使用的环氧灭菌柜上的压力、温度、湿度等指示装置。所以,企业在配备专门使用的计量器具时,在设计或购置检验用和生产用仪器、仪表和设备时应当考虑计量器具的量程和精度应能满足使用要求。

企业在制定的计量器具管理文件中,应明确规定建立相关计量器具台帐和档案(必要时)、唯一性标识、检定或校准周期等要求。计量器具必须按周期检定或校准计划进行检定或校准,根据检定或校准结果配上有明显的检定或校准状态标识,状态标识中应有仪器名称和唯一性的编号、检定(校准)日期或检定(校准)有效期限,方便时检定或校准标识应当贴在相应的计量器具上,若不方便应贴在紧密相关的物体上。应保存计量器具的检定或校准证书或标明其有效控制的相关记录。

计量器具的使用场所、环境条件(如温度、湿度)要符合使用要求,计量器具在下列情况下必须进行检定或校准后方可使用:在使用过程中,出现异常偏差的;精密仪器搬动之后;在失准修复之后;新购置无检定或校准证书。

■ **检查要点**

1. 检查企业是否制定了计量器具的管理规定,是否按规定制定计量器具的周期检定或校准计划。

2. 检查企业是否按计划进行计量器具的检定或校准,核查计量器具的检定或校准证书是否在有效期内,计量部门是否有资质。

3. 检查计量器具有无明显的检定或校准状态标识,标识上是否有有效期限。

4. 检查计量器具的使用、维护、维修记录,使用记录的信息是否充分,至少应包含操作者、所检验样品的描述、运行状态、环境条件(有要求时)等,以满足质量追溯的要求。

■ **检查方法**

现场查看生产现场和实验室的计量器具,观察检定或校准标识是否明显、并在有效期内使用,根据计量器具管理台帐和周期检定或校准计划,查阅计量器具档案中的检定或校准证书,是否按制定的计划进行,是否在有效期范围内,并核查企业向计量部门索取的资质能力证明文件或资料。

三、注意事项

1. 在检查中,应当关注生产设备的验证结果是否说明能够满足预期用途。

2. 对于原辅材料、外购件、外协件,应当关注是否执行了国家医疗器械监管部门的有关规定和规范的要求,如国家食品药品监督管理总局关于生产一次性使用无菌注、输器具产品有关事项的通告(2015 年第 71 号)要求等。

3. 对某些无菌医疗器械的某些关键零件或部件的长时间存放有可能会影响医疗器械质量或产生使用风险,应当特别关注均衡生产的问题。

4. 在检查仪器的有校准、检定或测试符合使用要求的状态标志时,应注意其校准/检定证书或测试报告是否已过期? 两次校准、检定或测试期间是否不连续,但仍在使用的情况。

5. 对有些无法进行校准、检定或测试的专用或自制的检验仪器和装置,应检查是否对其准确性采取核查的措施。如使用标准物质、进行比对试验、参加能力验证(可能时)等。

6. 生产设备、设施上使用的按计量器具管理的仪器、仪表或装置,也应按规定进行计量,特别是国家有规定需要强检的,如压力容器等。

7. 在检查时要关注检验仪器和设备或计量器具的安装环境条件是否能够保证检验结果不受影响。

常见问题和案例分析

◎ 常见问题

1. 生产设备方面

(1) 缺少生产设备的维修和维护计划,生产设备或检验仪器和设备维修信息在使用记录中未体现或信息不全。

(2) 生产设备的使用记录缺少所加工零件或部件或成品的相关信息(如产品或零件名称、批(编)号、规格型号等)。

2. 检验仪器和设备及计量器具

(1) 检验仪器和设备及计量器具无使用记录或记录中缺少所检测样品的相关信息(如产品或零件名称、样品批号或编号等)及检验规范或标准有要求时的环境条件等。

(2) 无检验仪器和设备及计量器具的校准/检定或测试计划,或未按计划执行。

◎ 典型案例分析

【案例一】 检查员在某一次性使用无菌注射器的生产企业进行现场检查时,在生产车间发现,加工注射器外套的注塑机有3台相同品牌和型号的设备,这些设备的使用记录中除时间和操作人员外,仅记录为"运转正常"。现场到某一装配生产线上抽取几只注射器外套,询问注塑机操作人员能否识别它们分别是在什么时间、在哪台注塑机上生产的,但操作人员回答是"不能识别"。

分析: 生产设备应当有唯一性的标识,以对相同名称、品牌和型号的设备进行区分,并且每一台设备的使用记录不仅应当记录其的运行状况,还应记录其所加工的零件的相关信息。这样一旦发现医疗器械的某一零件或部件或成品有质量问题,就能够追溯到是哪台设备(包括所用工装或模具)、哪一天、由谁操作生产的,这台设备在这个时间段内生产的零件或部件的去向,即组装到哪一个批号的产品上,从而有针对性的对这批医疗器械的相关质量项目的性能指标进行重新全面检验或核查。特别是对于大批量生产,只能进行抽样检验确定放行的医疗器械,或医疗器械质量是由设备参数或模具的质量来保证的,只有记录信息充分,才能真正实现医疗器械质量的可追溯性,才能发挥记录在质量管理中的作用。企业存在的比较普遍误区是,因为在《医疗器械生产质量管理规范》检查中检查员要查记录,所以要提供记录,但对为什么要求记录、记录的作用是什么并不关注。如果仅仅为检查而记录,就失去了记录的意义。实际上有的记录仅是为质量体系的有效运行提供证据,而有的记录却是为了搜集相关质量信息,用于持续改进质量管理体系或医疗器械质量或满足可追溯性要求。

【案例二】 在某无菌医疗器械生产企业进行现场检查时,检查员看到一台生产设备的显著位置上有一个"设备完好"的标牌。检查员通过询问得知,只要设备能用就会一直挂着"设备完好"的牌子,并没有制定设备完好的标准。

分析:设备完好应当是表示生产设备的工作能力和各种特性指标,如工作精度、性能、运动参数、能源消耗、安全环保装置等处于完好的技术状态。企业应当制定生产设备的管理文件,按文件规定并结合生产设备和实际生产情况制订、实施设备日常保养、维护、维修计划及设备完好或运行正常的评定标准。但确有某些企业存在设备只要能用就是完好,机器动不了才去维修的情况。

四、思考题

1. 如何理解工艺装备、计量器具的定义?

2. 生产设备、检验仪器和设备及计量器具为什么要具有唯一性标识?

3. 生产设备、检验仪器和设备使用记录的信息如何记录才能满足可追溯性要求?

参考文献

[1] 中华人民共和国国务院 . 医疗器械监督管理条例[R].2014.3.

[2] YY/T 0287-2003/ISO13485:2003 医疗器械 质量管理体系 用于法规的要求[S]. 2003.

[3] 国家食品药品监督管理局 . 医疗器械监管技术基础[M].北京:中国医药科技出版社,2009.

[4] 国家食品药品监督管理局 . 医疗器械生产经营监管[M].北京:中国医药科技出版社,2013.

(王延伟)

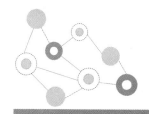

第五章

文 件 管 理

一、概述

任何质量管理体系的组成部分均可粗略地分为两大类,即硬件和软件。毫无疑问,硬件(例如厂房、设施、设备等)是实现产品或服务,以及质量管理体系有效运行的必要条件和物质基础。但是仅仅具备了硬件,如果或缺了充分而完善的软件系统(包括人员的能力和意识、各种文件和记录等)的支持,仍不能保证质量管理体系的有效运转。医疗器械的生产也是如此,要生产出安全、有效,合乎质量标准要求的产品,就必须建立一个以硬件为基础,以文件系统为支撑,以人员为保证,软、硬件充分、协调、有机运转的质量体系。无论ISO13485 标准《医疗器械 质量管理体系 用于法规的要求》,还是各国或组织的相关法规,以及我国《医疗器械生产质量管理规范》均将文件系统的建立、管理、控制作为质量管理体系的核心内容。例如,ISO13485:2003 在 4.1 节中对质量管理体系规定的总要求就是:"组织应按照本标准的要求建立质量管理体系,形成文件,加以实施和保持,并保持其有效性";美国 FDA 在其质量体系法规(Quality System Regulation)的 820.20 部分也提出了建立并保持对质量方针、质量目标、质量计划、程序文件和作业指导书的要求;我国《医疗器械生产质量管理规范》第二十四条规定:"企业应当建立健全质量管理体系文件,包括质量方针和质量目标、质量手册、程序文件、技术文件和记录,以及法规要求的其他文件。"

质量管理体系(QMS)本身就是靠文件系统规定、阐明和实现的。粗略地讲,建立 QMS文件系统所起的作用主要包括两个方面,一是质量管理体系各个环节和工作运行的依据,起到沟通意图、统一行动、规范行为的作用;二是质量管理体系正常运行的证据,即保证各项工作的可追溯性。为了前一种目的的一般叫文件,为了后一种目的的则称为记录。

文件和记录虽属于质量管理体系的"软件",却往往起着"神经"的关键作用。在整个质量管理体系中,文件与记录的管理涵盖了设计与开发、采购、生产、监测、销售与服务、不良事件监测、分析与改进等环节的全过程。如果企业对文件系统的建立和管理不善必然会影响到质量管理体系的各主要环节的正常运行,从而导致质量管理体系的最大风险。可以说,文件系统的完善程度和有效性直接决定着质量管理体系的成败。

具体地讲,QMS 文件系统的目的和作用包括:①规定和阐述组织的 QMS;②规定各部门和人员的职责与关系;③促进各部门间的信息沟通和配合;④向员工传达管理者的质量承诺;⑤提高员工的质量意识和责任意识;⑥提供员工培训的基础和依据;⑦对质量管理的各环节和各项工作提供明确、具体的操作标准;⑧保证 QMS 的资源和条件;⑨达到工作和作业的一致性;⑩为持续改进提供依据;⑪向相关方证实组织能力,向供方提出明确要求;⑫为内、外部审核提供依据;⑬在发生质量事故或不良事件时,分析、追溯原因等等。为了保证建立的文件系统发挥应有的作用,必须对文件系统进行科学和有效的管理和控制。

虽然我国医疗《医疗器械生产质量管理规范》中第五章"文件与记录"仅包括 4 条内容,对文件管理系统的建立、管理、记录系统的控制提出了基本要求,但实际上文件和记录管理的内容在其余各章均有具体要求和体现,因此企业在建立质量体系的文件系统时应当以本章为基础,同时兼顾各章的具体要求。检查员在对医疗器械生产企业实施 GMP 检查时也不应仅限于本章的条款,而是要兼顾其余各章的具体要求,以得出本章各条款是否符合要求的客观结论。

二、条款检查指南

> **第二十四条** 企业应当建立健全质量管理体系文件,包括质量方针和质量目标、质量手册、程序文件、技术文件和记录,以及法规要求的其他文件。
>
> 质量手册应当对质量管理体系作出规定。
>
> 程序文件应当根据产品生产和质量管理过程中需要建立的各种工作程序而制定,包含本规范所规定的各项程序。
>
> 技术文件应当包括产品技术要求及相关标准、生产工艺规程、作业指导书、检验和试验操作规程、安装和服务操作规程等相关文件。

■ 条款解读

本条款是 GMP 对企业建立质量管理体系文件系统的要求,并规定了文件系统的构成和内容。该条第一款首先提出了企业应当建立健全质量管理体系的要求,并指出质量体系文件的组成包括:质量方针和质量目标、质量手册、程序文件、技术文件和记录,以及法规要求的其他文件。在第二款至第三款分别对质量手册、程序文件、技术文件内容作了进一步的说明。

一般来讲,质量体系文件包括6个方面(图5-1),分别为①质量方针和质量目标;②质量手册;③程序文件;④技术文件;⑤记录文件;⑥法规要求的其他文件。

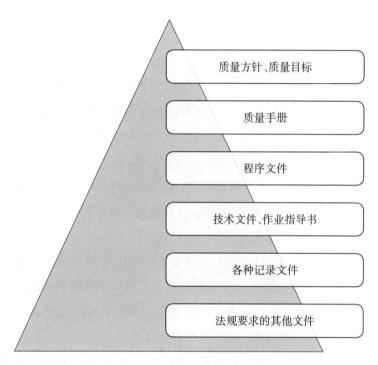

图 5-1　质量体系文件的组成

1. 质量方针和质量目标

质量方针(quality police)是由企业最高管理者正式发布的关于质量方面的全部意图和方向。质量方针与企业的运营宗旨应保持一致,为企业的质量目标的制订提供框架。

质量目标(quality objective)是在企业产品和服务质量方面所追求的目标,通常依据质量方针来制订。质量方针和质量目标在形式上可以包括在质量手册中。

质量方针和质量目标的建立为企业提供了质量体系的总体要求,将有利于优化资源投入,分解和实现过程质量管理目标,协调各质量环节和措施的管理,树立全体员工的质量意识和团队精神,提升质量管理的有效性和执行力,增强有关方(顾客、供方、投资方、员工等)的满意度和信任感。

2. 质量手册

质量手册(quality manual)是对一个组织(企业)的质量管理体系做出规定和阐述的文

67

件。质量手册的内容一般包括：①QMS 的范围，包括任何删减和（或）不适用的细节与合理性；②为质量体系编制的形成文件的程序或对其引用；③QMS 各过程之间相互关系的表述；④对 QMS 所采用文件结构的描述。

一个完整的质量手册，在格式和内容上一般包括：标题、目录、目的、范围、对 QMS 的完整描述、评审、批准和修订、组织机构、职责和权限、引用文件、附录等。也可包括该组织的名称、地址、联系方式、业务流程、背景、历史及规模等信息。通常，也可把质量方针和质量目标作为质量手册的组成部分装订在一起。

3. 程序文件和技术文件

程序文件（documented procedures）是对 QMS 中各质量管理过程或环节的标准化的操作规程。根据 ISO13485:2008 和我国现行 GMP，医疗器械企业应形成文件的程序主要包括：①文件控制程序；②记录管理程序；③设计和开发控制程序；④采购控制程序；⑤生产控制文件；⑥产品标识控制程序；⑦灭菌过程确认程序；⑧产品可追溯性程序；⑨产品防护程序；⑩监视测量控制程序；⑪顾客反馈程序；⑫内部评审程序；⑬风险管理程序；⑭销售服务控制程序；⑮不合格品控制程序；⑯顾客投诉接受和处理程序；⑰不良事件监测程序；⑱数据分析程序；⑲预防和纠正程序等。

技术文件（technical file）包括产品技术要求及相关标准、生产工艺规程、作业指导书、检验和试验操作规程、安装和服务操作规程等相关文件。企业应当为所生产的每个医疗器械产品编制和保持一套完整的技术文件。规程（specification）是指阐明相关要求的文件。作业指导书（或标准操作规程，SOP）是如何实施和记录有关程序或任务的详细描述。既可以是文字描述，也可以是流程图、图表、技术注解、规范、设备操作手册、图片、检查清单，或这些形式的组合体。

4. 记录文件

记录文件（record/documentation）是指对完成各项质量管理活动或达到的质量结果提供客观性证据的文件，可用于文件的可追溯性活动，并为验证、内部评审、外部检查、预防措施和纠正措施提供依据。为了方便和规范，记录往往填写在预先制订的记录表格上，这些表格应包括标题、标识号、修订状态（版本）和日期。记录既属于质量体系文件的范畴，但又是一种特殊文件，其特殊性表现在记录文件往往是预先制订的正式表格，一旦填写完毕就转变为记录的范畴，既起到提供所完成活动的证据作用，也是分析查找质量问题原因的主要依据。

5. 法规要求的其他文件

是指除了上述内容外，企业需要保持、跟踪的其他文件，例如：产品注册要求的文件、生产许可证、产品注册证、人员资质等。此外，企业为了保证质量体系运行还有必要保存一些其他相关文件，例如顾客的图样、有关法律法规、国家和行业标准、供方提供的物料或设备、仪器的说明书和维护手册等等。

■ 检查要点

1. 检查企业是否建立了规范所要求的质量管理体系文件,质量管理体系文件是否涵盖以下内容:

(1) 质量方针和质量目标。

(2) 质量手册。

(3) 本规范及相关附录中涉及的程序文件。

(4) 所生产产品的技术文档。

(5) 本规范所要求的记录。

(6) 法规要求的其他文件。

2. 质量手册是否对生产企业的质量管理体系做出承诺和规定,质量手册是否包括以下内容:

(1) 对质量体系做出的承诺和规定。

(2) 质量体系的范围。

(3) 为质量体系编制的形成文件的程序或对其引用。

(4) 质量体系各过程之间相互关系的表述。

(5) 对质量体系所采用文件结构的描述。

3. 检查质量方针是否满足以下要求:

(1) 与企业的宗旨相适应。

(2) 是否体现了满足质量要求和保持质量体系的有效性。

(3) 是否提供了制定和评审质量目标的框架。

(4) 在企业内部得到沟通和理解。

(5) 在保持适应性方面得到改进和评审。

4. 检查质量目标是否满足下列要求:

(1) 其内容是否在质量方针框架下制定,与质量方针保持一致。

(2) 是否包括产品要求所需的内容。

(3) 企业总的质量目标是否分解到相关层次,建立了各职能和层次的质量目标。

(4) 是否可测量,是否明确了具体实施措施、计算方法、考核方法。

(5) 是否有具体的方法和程序来保障。

5. 检查是否对每一类型或型号的产品建立完整的技术文件,包括下列内容:

(1) 产品技术要求及相关标准。

(2) 生产工艺规程。

(3) 作业指导书(生产、包装、检验、灭菌、设备或仪器操作等)。

(4) 采购要求(包括采购规范和验收准则)。

(5) 检验和试验操作规程。

(6) 安装和服务操作规程等相关文件。

■ 检查方法和技巧

对本条款的检查,主要采取查阅质量体系文件和记录的方式进行。应当全面查阅质量手册的内容,同时适当抽查部分重要的程序文件和记录文件。如果企业生产产品较多,在抽查时应当注意抽样的代表性,不要仅限于某一种产品,也不要仅限于一个环节。可先通过查阅每类产品的文档目录来了解企业有哪些类型或型号的产品,然后再查阅是否对每一类型或型号的产品都建立了技术文档(查阅文档目录与目录所列文档)。在发现某文件或某类文件存在较多的问题时,应适当扩大抽查的范围。

> **第二十五条**　企业应当建立文件控制程序,系统地设计、制定、审核、批准和发放质量管理体系文件,至少应当符合以下要求:
>
> (一) 文件的起草、修订、审核、批准、替换或者撤销、复制、保管和销毁等应当按照控制程序管理,并有相应的文件分发、替换或者撤销、复制和销毁记录;
>
> (二) 文件更新或者修订时,应当按规定评审和批准,能够识别文件的更改和修订状态;
>
> (三) 分发和使用的文件应当为适宜的文本,已撤销或者作废的文件应当进行标识,防止误用。
>
> **第二十六条**　企业应当确定作废的技术文件等必要的质量管理体系文件的保存期限,以满足产品维修和产品质量责任追溯等需要。

■ 条款解读

第二十五、第二十六条是对质量体系文件系统管理控制的要求。第二十五条是对文件控制程序的全面要求,第二十六条则强调了作废文件的保存期限。

质量管理体系的建立、运行和改进是靠其文件系统支持的,其目标是通过文件系统的实施得以实现的,因此文件系统的管理控制是 QMS 的重要工作之一。QMS 文件的管理控制是指文件的制订、评审、批准、培训、发放、使用、修订、标识、回收、废除等活动全过程的管理,旨在保持所有文件的有效性、可靠性、适用性以及保证使用现场为最新版本,避免作废文件的误用。

为了实施对质量体系文件系统的有效控制,首当其冲的是企业应当建立文件控制程序,以对文件管理控制的各环节提出要求。该程序一般应当包括下列内容:

1. 文件制订

在制订其他 QMS 文件前,最好先制订 QMS 文件的制订程序,以做到各部门在制订文件时,有章可循,保持整个文件系统的规范性和系统性。

体系文件的制订一般遵循如下程序:首先,由有关部门授权的人员起草;然后,经该部门负责人或质量保证部门审核并签字确认;最后,经企业最高管理者(总经理)或管理者代表书面批准后印刷、发布并生效执行。根据文件的不同,审核人和批准人的权限不同:质量方针和质量目标以及质量手册一般由管理者代表审核后,由最高管理者批准、签发,而其他文件则由相关部门负责人审核后,由企业负责人批准、签发。

在计划(策划)制订 QMS 文件时,一般遵循图 5-2 所示的编写过程:

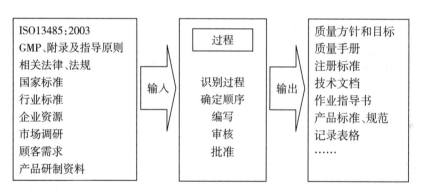

图 5-2 文件制订过程

文件的制订的基本原则为:

(1) 依据充分,符合法规。文件的内容应符合 GMP、医疗器械监管法规及相关技术指导原则的要求。

(2) 文字简练,用词准确。文件的简繁程度以便于执行者能够准确无误地了解和遵循为度,既要避免含糊、笼统使人无所适从,也要避免太过繁琐令人不知所云。文体要简单,采取描述性的语言,而不是回顾性的、评论性的或前瞻性的,原则是"写所要做的,做所已写的"。

(3) 结合实际,可操作性强。QMS 文件是为实际工作的指南,应当按照实际情况进行编写,避免完全照抄相关法规或标准的内容。其内容应当使经过适当培训或训练的人员能够按照其内容进行操作。起草时可参考有关参考书、手册或仪器说明书的内容,但不可照搬。有些文件制订后,尚需通过验证。

(4) 用词规范,避免差错。QMS文件涉及的关键词、专业术语、计量单位和符号、有效数字等应当按照国家有关标准或国际通用原则书写,避免使用已废弃的或不规范的术语、计量单位、符号和汉字等。

(5) 内容一致,格式统一。要注意各级文件的一致性,避免出现同一活动多种规定,甚至互为矛盾的情况。同一企业的所有QMS文件在编制和印刷形式上应尽可能地保持一致,以利于查阅、检索和管理。每页的页头和页脚处,均应注明该份文件的有关信息。如在页眉注明企业名称、标题、统一的分类和编号,而页脚注明制订者、审核者、批准者的签名及批准日期。并在每份文件的封面页注明起草和修订的信息,包括修改次数或版本、起草和修改日期、制订或修改人、审核人和批准人的签名和日期,以及生效日期、印制份数等。

(6) 与时俱进,不断修订。QMS的文件系统的建立不可能一蹴而就,一劳永逸,与QMS的建设一样是一个不断完善,持续改进的过程。随着技术的发展、法律法规、企业实际情况等的变化都会发生部分内容不再适用的情况,因此要及时给予修订。修订的程序与制订程序基本相同。

2. 文件审批

编写的文件必须经过企业负责人或管理者代表的审核和批准,以保持文件的适宜性、有效性和权威性,避免"政出多门"或产生随意性的文件。

3. 文件评审

要定期审核文件,及时识别因组织结构、产品标准、工艺流程、法律法规等发生变化后过期失效的文件,并对其修改、更新,确保文件的时效性。

4. 文件标识

要及时对现行有效文件和过期失效文件进行标识,防止操作现场错用、误用作废文件。

5. 文件的发放与收回

要对文件的发放进行控制,确保仅适用范围的人员能获得文件,并及时收回过期、作废的文件。发放和回收要签名负责制,并建立可追溯的记录。

6. 外来文件的跟进与控制

对诸如法规、标准、顾客或供方提供的文件要建立定期跟踪制度,确保及时掌握其更新、再版信息,防止使用过期的外来文件。

7. 作废文件的保存和销毁

对作废的受控文件,企业应至少保存一份,保存期限为自产品放行之日起不少于企业规定的产品的寿命期和法规规定的保存期限,以满足产品维修和质量责任追溯的需要。除按规定保存者外,其他作废文件的副本均应当及时销毁并建立销毁记录。及时销毁的目的在于保证所有文件均为最新版本,防止过期版本的误用。

■ 检查要点

1. 检查企业是否建立了质量体系文件的控制程序,该程序文件是否涵盖以下内容:

(1) 文件制订的计划(策划)。

(2) 文件的制订、批准。

(3) 文件的审评、更新和标识。

(4) 文件的发放与回收。

(5) 文件的培训。

(6) 文件的使用。

(7) 文件的保管。

(8) 作废文件的销毁与存档等。

2. 抽查企业各级人员,特别是与产品质量质量管理相关的人员是否熟悉质量控制文件的有关要求。

3. 检查企业是否按照其制定的文件制订和控制程序实施对文件的管理和控制,并保留相关记录文件。检查的重点包括:

(1) 制订的文件是否符合制订程序的要求,是否经过企业负责人或管理者代表的批准。

(2) 是否定期对文件进行评审,对不适用的文件进行更新。

(3) 是否及时对现行有效文件和过期失效文件进行标识,防止操作现场错用、误用作废文件。检查操作现场是否有过期文件。

(4) 是否对文件的发放进行控制,确保仅适用范围的人员能获得文件,并及时收回过期、作废的文件。发放和回收的记录是否建立完整的可追溯的记录。

(5) 对作废的受控文件,是否至少保存一份,保存期限为自产品放行之日起不少于企业规定的产品的寿命期和法规规定的保存期限,以满足产品维修和质量责任追溯的需要。

(6) 除按规定保存者外,其他作废文件的副本是否均及时销毁并建立销毁记录。

■ 检查方法和技巧

对本条款的检查,主要采取审阅体系文件制订和控制程序、抽查相关记录、抽查相关人员以及现场查看的方式进行。在审阅文件制订和控制程序时,应当重点关注相关要求的可行性和内容的完整性。在了解该程序文件的实施情况时,应当首先通过对相关人员的提问了解相关人员是否通晓该程序文件的具体要求。如果培训不到位,对该文件一知半解,就必然不可能遵照执行。现场查看也是必要的,包括文件的使用场所和档案管理设施等地方。

第二十七条 企业应当建立记录控制程序,包括记录的标识、保管、检索、保存期限和处置要求等,并满足以下要求:

(一)记录应当保证产品生产、质量控制等活动的可追溯性;

(二)记录应当清晰、完整,易于识别和检索,防止破损和丢失;

(三)记录不得随意涂改或者销毁,更改记录应当签注姓名和日期,并使原有信息仍清晰可辨,必要时,应当说明更改的理由;

(四)记录的保存期限应当至少相当于企业所规定的医疗器械的寿命期,但从放行产品的日期起不少于 2 年,或者符合相关法规要求,并可追溯。

■ **条款解读**

第二十七条是对企业记录文件的管理控制要求。既包括记录控制程序的建立,也包括对记录控制的原则要求。

记录是特殊的体系文件,因此除了满足体系文件的控制一般要求外,还要满足特定的控制要求。记录的管理控制包括填写、标识、防护、检索、保存和处置等环节,基本要求是清晰、完整、易于识别和检索、防止破损和丢失、具有可追溯性。对记录的控制应当注意以下方面:

1. 记录的填写

要即地、及时填写,避免漏记和补记,应规定记录填写的 SOP 和传递的渠道、途径和终点。填写记录时,必须使用墨水或不可擦掉的书写工具填写,填写人应签名并注明日期。

2. 记录的更正

记录不可随意更改,需要更正时,不应涂改,一般应采用"杠改"方式,即在错误数据上划一斜线,保持原数据清晰可见,在旁边注明正确内容,更改人要签名并注明更正日期。

3. 记录的标识

可采用颜色、编码、编号等方式对记录进行标识,要预先规定编码、编号方法,确保编目、检索和查阅时的方便。

4. 记录的保存和防护

要保存在适宜的环境,要预先对不同时间段和地点的保管责任和借阅的批准程序做出规定。应规定防止不同介质的记录损坏和丢失的方法。对纸质记录要防潮、防腐、防虫蛀;对电子记录应当采取安全有效的方法进行备份。要科学、系统地编目,确保检索和查阅的方便、快捷。记录的保存期限应不少于企业规定的产品寿命期,但从企业放行产品之日起不少于两年,或符合法规规定的保存期限。

5. 过期记录的处置

要规定到期作废记录的销毁方式和责任人,并做好记录。

■ **检查要点**

1. 检查企业是否建立了记录控制程序,该程序文件是否涵盖以下内容:

(1) 记录的填写(生成)。

(2) 记录的标识。

(3) 记录的保管。

(4) 记录的检索。

(5) 记录保存期限和处置要求等。

2. 抽查企业各级人员,特别是与产品质量质量管理相关的人员是否熟悉记录控制程序的有关要求。

3. 检查企业是否按照其制定的记录控制程序实施对记录的管理和控制。

4. 检查记录是否能够保证产品生产、质量控制等活动的可追溯性。

5. 检查企业保存的记录是否清晰、完整,易于识别和检索,防止破损和丢失。

6. 检查企业记录是否存在随意涂改或者销毁情况,对记录的更改是否签注姓名和日期,并使原有信息仍清晰可辨,必要时,应当说明更改的理由。

7. 检查记录的保存期限是否符合要求:应当至少相当于企业所规定的医疗器械的寿命期,但从放行产品的日期起不少于 2 年,或者符合相关法规要求,并可追溯。

■ **检查方法和技巧**

对本条款的检查,主要采取审阅记录控制程序、抽查相关记录、抽查相关人员以及现场查看的方式进行。审阅记录控制程序时,应当重点关注相关要求的可行性和所要求内容的完整性。在了解该记录控制程序的实施情况时,应当首先通过对相关人员的提问了解相关人员是否通晓该程序文件的具体要求。然后要抽查一定数量的记录文件,最好涵盖质量体系的各个重要环节,包括设计开发、生产环境和生产设施、设备的控制、采购控制、生产过程控制、原材料、产品、中间产品的控制等。在检查记录控制时,对记录产生的现场进行查看也是必要的,防止企业提供的记录与实践情况不符。在检查记录时,既可以按照质量体系的控制环节,也可以按照产品实现的顺序。

三、注意事项

1. 对文件系统进行现场检查时应重点关注:

(1) 质量体系文件的完整性、实操性和系统性。

(2) 是否得到有效的贯彻实施。

(3) 是否保持相关的实施记录。

2. 任何程序文件写的再漂亮、再完美,如果不能够落实在行动上,只能是一纸空文。第二十五条、第二十七条看起来是分别是对文件控制程序或对记录控制程序的要求,但是在实际检查中,应当将侧重点放在企业对该文件的实施情况上,而不是仅仅对该程序文件的书面审阅上。

3. 对文件管理和记录控制的检查应当贯穿质量体系的各个环节。因此负责本章的检查员不应仅就本章的条款来做判断,应当与其他承担其他章节的检查员保持充分的交流和沟通。如果在其他章节发现的文件方面的问题较多,往往反映出文件管理方面存在的系统性缺陷。如果其他检查员在检查记录时发现了较普遍的问题,往往反映出企业在记录控制方面存在系统性的缺陷。

4. 体系文件的多少取决与产品复杂程度、产品的多寡以及企业的规模等因素,除非在 GMP 中有明确的要求,在检查时不必单纯地要求体系文件的数量。文件的完整性以是否包括相应的内容为准,不必过分关注文件的名称。例如,有的企业可能把与环境控制有关的环节,例如:生产区环境监测、进入人员的卫生与健康控制、进入物料的控制、生产区内设施设备的消毒控制等内容分别形成文件;有的企业可能把所有有关环节放在一个文件中,只要二者涵盖的内容均有依据(例如经过验证)、且可操作,能够满足防止环境污染和交叉污染的要求,就不必强求名称和内容上的完全一致。

 常见问题和案例分析

◎ 常见问题

医疗器械生产企业在 QMS 文件系统建立和管理方面存在常见问题包括:

1. 文件制订方面

(1) 文件制订不充分。没有按照 GMP 规定的内容制订文件系统,有些重要工作或环节缺乏相应的书面文件。

(2) 文件可操作性不强。有些企业的文件主要抄袭相关标准或范本,内容与本企业的实际情况和产品特点相脱节,缺乏针对性和适用性。有的文件内容不够具体,仅仅有原则性要求(往往是照抄法规、标准或教科书的要求),不能对相关工作或操作提供有效的指导。

(3) 文件制订程序不严格。例如,文件起草人不具备起草相关文件的专业背景和经验;审批人、批准人没有很好履行审核、审批的职责,存在走过场现象,使得制订的文件存在随意性。

(4) 文件制订后修订不及时。没有定期对制订的文件进行审评和识别,使得有些文件落后于实际情况或与现行的法律法规、标准相脱节。

2. 文件控制方面

(1) 对文件培训不到位。在 GMP 检查时经常会发现一些生产或管理人员对本岗位涉及的程序文件或作业指导书不熟悉的情况。

(2) 执行文件规定不严格。没有真正按照 QMS 文件的要求开展工作,例如验证程序、内审程序、监视测量程序等往往执行不到位。

(3) 文件系统管理混乱。例如,在相关的岗位不能找到有关的程序文件或作业指导书;有的企业未对过期文件及时标识和回收等。

3. 记录控制方面

(1) 记录不完整。有的企业经常提供不出相关工作的原始记录;检验、监测记录往往只能提供书面报告,而不能提供实际的操作记录;有些记录未按照预定的内容进行填写,缺失某些重要内容;验证和评审记录往往不能提供完整(应包括方案、记录和报告)的书面文件。

(2) 记录不及时。未按照"就地及时"的要求记录,补记、漏记情况较多。

(3) 记录填写不规范。如未采用预先制订的标准表格;存在随意涂改情况。

(4) 记录的追溯性差。不能提供全部的原始记录;相关记录不能相互印证,甚至出现矛盾之处等。

◎ 典型案例分析

【案例一】 在检查某企业时,发现其大部分体系文件,包括首次制订的和新修订的,起草人、复核人、审核人批准人的签字日期和生效时间均为同一日期。后抽查部分文件,发现存在许多不准确的表述、甚至打印错误,不同文件的格式和体例大相径庭。

分析:这种情况很具有代表性。企业对体系文件的制订和修订应当是严肃、严谨的过程。在起草部门具体的起草人按照文件起草或修订好文件后,为了保持文件的适宜性、有效性和权威性,应当经过本部门负责人的复核,然后经质量管理部门审核,最后根据权限,经企业管理者代表或企业负责人批准。如果这些环节不仅仅是走过场,所有人员均严肃认真地进行,对大多数体系文件来说(个别简单修改的文件除外)很难在同一天完成。而且,从最高管理者批准、签发到正式生效前,应当预留适当的时间,用于分发至相关岗位,并供相关人员的学习和培训。如果为修订,还要预留回收旧版本更换新版本的时间。如果各层级人员仓促签字,并立即生效,这样的文件必然缺乏严谨性和权威性,实际实施效果就可想而知了。还有一些小的企业,没有充分认识到体系文件的重要性,在制定文件时就没准备到认真实施,仅仅想作为糊弄监管部门检查的摆设,那就更是大错特错了。

【案例二】 在检查某动物源性医疗器械生产企业时发现,其《洁净区环境监测管理规程》规定万级洁净区沉降菌、尘埃粒子和微生物限度的监测频率分别为每周一次、每季一次、每2周一次。企业不能提供其监测频次设立的证据。检查员抽查其最近一年的洁净区监测记录,发现其2014年7月到2015年6月,尘埃粒子监测的日期分别为2014年9月15日、2014年10月16日、2015年3月28日、2015年5月30日。查2015年1月至3月的微生物限量监测记录仅有2015年1月9日(周四)、2015年1月24日(周六)、2015年2月12日(周二)、2015年3月11日(周三)、2015年3月26日(周四)。检查员认为,企业没有按照其《洁净区环境监测管理规程》规定的频次检测尘埃粒子和微生物限量。例如2014年10月到2015年3月间隔5个月没有监测尘埃粒子。2015年2月12日到2015年3月11日两次监测期间间隔近1个月,未做到2周监测一次微生物限量。但企业管理者代表却辩解说:他们严格遵循了程序的要求。尘埃粒子每个季度都有一次监测,而微生物限量的监测也做到了两周一次。2月12日到3月11日间之所以间隔近1月是因为过春节,公司自2月15日到27日放假停产2周,扣除2周的停产时间后也可以保证2周一次的监测频率。

分析: 这个案例反映出企业在制订程序文件和执行上误区。一是制订程序时对监测的频次是否能达到洁净区控制的要求的效果进行验证;二是机械性地执行自己制订的程序,根本没有考虑到这样做的实际效果;三是程序文件的表述不准确。对如此重要的监测频次如果不采用宽泛的时间概念,如每季度一次、每

2周一次,而改成相对准确的表述,如每60日或7日一次,可能就不会引起歧义了。四是企业没有充分认识到洁净区监测的重要性,否则,按照植入性医疗器械附录的要求,"如洁净车间的使用不连续,是否在每次的使用前做全项的监测",企业在其《洁净区环境监测管理规程》中也引用了本句话,还堂而皇之地把放假停产2周作为辩解的理由。此外,检查员进一步检查了该企业的内审记录,对文件的制订和执行情况的审核居然均为合格。可见,由于企业管理者代表本人对GMP要求和文件控制认识上的肤浅,所负责的内审工作走了过场,质量管理体系存在系统性的问题就不足为奇了。

四、思考题

1. 质量体系文件系统主要由哪些文件构成?

2. 产品的技术文件包括哪些内容?

3. 质量体系文件系统检查的重点包括那些方面?

4. 为什么说记录也属质量体系文件的范畴,其特殊性是什么?

5. 如何检查企业记录文件的追溯性?

参考文献

[1] 田少雷. 浅析医疗器械GMP对质量管理体系资源管理的要求[J]. 中国医疗器械信息,2013,19(7) 21-26.

[2] YY/T 0287-2003/ISO13485:2003 医疗器械 质量管理体系用于法规的要求[S]. 2003.

[3] 国家食品药品监督管理总局. 医疗器械生产质量管理规范[R].2014.12.

[4] 田少雷. 浅析医疗器械质量体系文件管理系统的建立与管理[J]. 中国医疗器械杂志,2013,37(5), 358-361.

[5] FDA. Quality System Regulation. CFR 21,Part820.[R]2009 revised.

[6] 卓屹. ISO9001质量管理体系运行指南(2008年版)[M].北京:中国标准出版社,2009.

(田少雷)

第六章

设 计 开 发

一、概述

医疗器械产品的设计和开发过程是指企业通过运用调研、预测或分析判断等方式识别顾客,包括个人消费者、医生、医疗机构、经销商、零售商、健康保险机构、公共医疗保险机构等,明显的或潜在的需求和期望,并把这些需求和期望,包括法律法规的要求,通过技术和工程的方法,转化为医疗器械产品特性和产品规范的系列活动。医疗器械产品特性体现在产品上,包括医疗器械本身及其说明书、标签、产品包装等随附物。产品规范是指所有保持医疗器械产品及其特性均一、稳定要求的总称,常见的产品规范有产品技术规范、采购规范、检验规范、包装规范、安装规范、售后服务规范等。

医疗器械设计开发是形成医疗器械固有质量特性的重要过程,有些产品质量的设计开发权重占比甚至可以高达 70%~80%,所以人们常说"产品质量首先是设计出来的,其次是制造出来的,再其次是服务出来的"。有设计缺陷的产品,再精心制造、精心服务也于事无补。因此,设计开发过程控制是医疗器械质量管理体系的重要环节。

医疗器械直接或间接用于人体,达到疾病诊断、预防、监护、治疗或者损伤诊断、监护、治疗、补偿等目的,有时还用于生命的支持或维持。公众的健康和生命安全离不开医疗器械。世上没有完美的医疗器械,使用医疗器械必然存在风险。受医疗器械本身风险、使用对象、使用者等各种复杂因素的影响,使用医疗器械可能会对患者 / 消费者、操作者、其他人员、其他设备和环境造成损害或潜在损害。不同医疗器械,损害发生的概率和损害的严重性是不同的。控制医疗器械全生命周期的风险,努力保持医疗器械使用在受控条件下受益与风险的相对平衡,既是以医疗器械生产企业为主角的产业界应当承担的责任,也是医疗器械实施法律监管的主要目的。医疗器械风险应当控制和管理是医疗器械监管部门、医疗器械产业界、医疗机构及其利益相关方和公众的共识。医疗器械风险管理既是全世界公认的重要监管原则之一,也是中国医疗器械法规的立法基本原则。由于医疗器械风险控制的管理涉及能力、成本、受益面、受益机会等复杂因素,风险控制和管理的相关利益方在如何进行医疗器械风险控制及风险控制和管理的程度上存在必然的分歧。在此情境下,医疗器械受益应该大于风险,或者更准确地说,风险受益应该平衡成为各方都能接受的一个基本准则。医疗器械生产企业在医疗器械全生命周期实施风险管理也应遵从这一基本原则,风险管理贯穿医疗器械设计开发、生产、销售、使用和用后处置全过程,是企业质量管理体系有机组成部分。产品实现与风险管理关系示意见图 6-1。

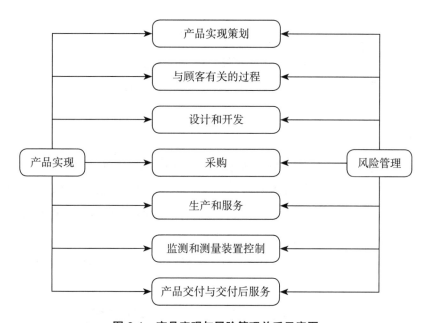

图 6-1 产品实现与风险管理关系示意图

《医疗器械生产质量管理规范》第六章是对医疗器械设计开发全过程控制的具体要求,其内容实际上可以分成两部分理解:第二十八条至第三十七条分别对设计控制程序、设计和开发策划、设计和开发输入、设计和开发输出、设计和开发转换、设计和开发评审、设计和开发验证、设计和开发确认、设计和开发变更分别进行了具体规定,上述十条覆盖了医疗器械设计开发的全过程。第三十八条强调了风险管理在产品实现过程中的重要性。第三十八条虽然只有一条,却用一句话对包括设计和开发在内的产品实现全过程风险管理提出了要求。《医疗器械生产质量管理规范》总则第四条规定:企业应当将风险管理贯穿于设计开发、生产、销售和售后服务等全过程,所采取的措施应当与产品存在的风险相适应。除总则外,其他章节未再提到"风险管理"一词。鉴于风险管理在医疗器械质量管理体系中的重要性,结合规范总则第四条原则性要求,可以推断出第三十八条的字数虽然不多,但其包含的内容却很丰富。

二、条款检查指南

第二十八条 企业应当建立设计控制程序并形成文件,对医疗器械的设计和开发过程实施策划和控制。

■ **条款解读**

本条款是对设计开发过程管理的总要求,前半部分要求设计和开发控制程序必须形成文件,后半部分要求医疗器械设计和开发全过程必须实施策划和管理。后半部分既可以看成是对医疗器械产品设计和开发的原则要求,也可以看成是对前半部分设计和开发控制程序内容的进一步细化要求。

1. **设计和开发过程相关术语**

设计和开发(design and development)是指将要求转换成产品、过程或体系的规定的特性或规范的一组过程。设计和开发有时是同义的,有时用于整个设计和开发过程的不同阶段。设计和开发的性质可以用限定词表示,如产品设计和开发或过程设计和开发。本条款中的"设计控制"中的"设计"即与"设计和开发"同义。

程序(procedure)是为进行某项活动或过程所规定的途径。程序形成文件后就称为"程序文件"。

过程(process)是将输入转化为输出的相互关联或者相互作用的一组活动。医疗器械的设计和开发过程是指"产品设计和开发过程"。

设计和开发过程:设计和开发是产品实现的子过程。YY/T0287-2003《医疗器械 质量管理体系 用于法规的要求》将设计与开发分成了策划、输入、输出、评审、验证、确认六个相互联系、相互支撑的子过程。由于规范所称的生产指规模化生产,因此设计转换活动也是设计和开发过程中的一个重要环节。由于产品生产和交付后还可能有后续的改进过程,因此设计和开发更改的控制也是设计和开发过程的重要组成部分。典型的设计与开发过程示意图见图 6-2。

2. **设计和开发控制程序内容**

企业应该对设计和开发全过程的阶段和相关活动进行程序性规定。必要时,还需明确从设计和开发哪个阶段起开始控制,或者为特别过程进行特别规定。程序至少应对设计和开发的策划、输入、输出、验证、确认、评审、设计和开发变更、设计和开发过程风险管理等活动涉及的部门与人员、职能与分工、全部流程运行与控制等做出合理的规定并形成

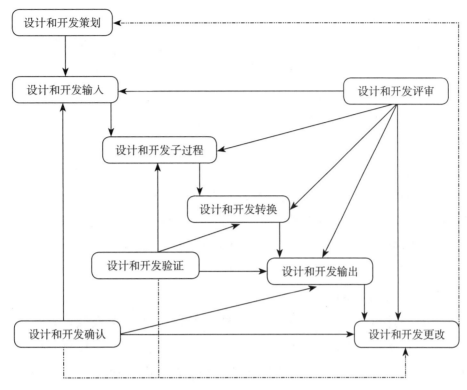

图 6-2 典型的医疗器械设计和开发过程示意图

文件,以确保企业设计和开发的质量,为产品固有质量特性的形成和最终产品的质量奠定基础。由于医疗器械备案或注册和医疗器械生产备案或生产许可等规定与本程序密切相关,建议将相关法规程序以适当的方式融入本程序中。由于设计转换活动通常更多针对医疗器械具体产品,因此建议在程序中仅对设计转换作笼统的规定,具体内容在特定医疗器械设计和开发过程策划和控制中详细体现。

3. 设计和开发不同活动与设计和开发不同阶段间的相互关系

广义的设计和开发的验证、确认和评审活动可能适用于设计和开发的很多小的子过程。设计和开发的某些子过程也可能形成小循环。重大的设计和开发更改,如将超声骨密度仪增加黑白超声图像诊断功能,可能需要进行专门的更改策划,并依次开展设计和开发活动。正式的、系统的医疗器械设计和开发确认通常认为应该在设计和开发输出后进行,但是为了缩短设计和开发周期,统筹设计和开发活动,样机的、局部的确认活动通常设计和开发输出前就已经在开展,以提高工作效率。验证与确认的顺序也不一定总是先验证后确认,对于设计和开发活动的子过程来说,有时先开展部分确认活动,在满足预期用途的前提下制定技术要求和接受准则,然后进行验证也是提高效率的一种方式。换言之,有时确认活动中可以包含验证,有时验证活动中也包含先行的确认活动。

4. 关于设计和开发的删减

YY/T 0287-2003《医疗器械　质量管理体系　用于法规的要求》(以下简称"YY/T 0287-2003")在 1.2 应用部分已经做了非常明确的说明。原则上企业不应在质量管理体系中删除设计和开发控制。既使设计和开发过程外包,企业仍应对设计和开发外包过程承担责任。医疗器械注册核查必要时可以对外包现场进行核查。企业可能因生产的医疗器械结构功能简单、风险较低、上市多年、设计与生产工艺非常成熟等原因,编制简易的设计和开发控制程序。由于企业设计和开发控制程序的编制不仅适用于已上市医疗器械的更改过程,也适用于未来新医疗器械的开发,因此无论是否声称删减,企业至少需要满足 YY/T 0287-20037.1 产品实现中有关产品验证或确认的要求,企业还需要考虑针对设计更改的控制,并提供设计更改的相关活动的客观证据。当新产品开发,需要完善设计和开发程序时,企业需要对此程序进行修订完善。

5. 设计和开发策划的重要性

医疗器械设计和开发过程策划是医疗器械设计和开发的重要子过程,策划活动是否系统、规范,直接涉及医疗器械开发的成功与否,所以企业应当高度重视,认真按照策划的规定程序和要素开展相关工作。必要时,特别是重要新产品开发时,应当开展策划评审,以评估策划活动的适宜性、充分性与有效性。策划输出的结果是项目或产品设计和开发计划,只有经过批准的计划才能投入实施。在不少小型企业,设计和开发策划实际上是有关决策与项目可行性研究的综合。决策的对错有时对企业发展前景影响极大,不当的决策有时会对企业产生严重的负面影响,一项投资巨大的项目的失败甚至会使企业倒闭。而详细的、切实可行的项目计划书有助于企业做出正确决策。

6. 设计和开发策划文件与记录

企业应对医疗器械设计和开发全过程按照程序规定和策划计划进行控制,并为每一类医疗器械建立专门档案,保留所有设计和开发策划和控制相关文件和记录,包括项目计划书、输出和输出文件及记录、所有的评审、验证、确认方案及其实施记录、后续措施及其记录、风险管理活动文件与记录、所有技术要求、技术规范或接收 / 放行准则。企业还应保留所有核准的医疗器械备案或注册资料、医疗器械生产备案或生产许可资料。规定应当批准后实施的活动,应该经有资质的部门或人员批准后方可实施。

■ 检查要点

1. 核实企业是否建立了文件化的设计控制程序。

2. 核实设计控制程序文件是否清晰、可操作、能够控制设计和开发过程;程序内容是否至少包括:

（1）设计和开发全过程各个阶段的划分。

（2）适合于每个设计和开发阶段的评审、验证、确认和设计转换活动。

（3）设计和开发各阶段人员和部门的职责、权限和沟通。

（4）风险管理要求。

（5）规范相关要求。

3. 抽查企业医疗器械产品设计和开发实例,核实企业是否对医疗器械产品设计和开发的全过程按规定进行了策划和控制,规定并保留了所有相关文件与记录。

■ **检查方法**

主要通过查阅相关文件的方式开展检查。重点查阅的文件包括设计和开发程序文件、相关管理制度、指导性文件等,核实企业的设计控制程序文件内容是否覆盖了有关的产品和过程的设计和开发全过程,若有删减,理由是否充分。此外,还可以针对不同医疗器械的特点,查阅正在开发或已经完成开发的医疗器械设计和开发档案,查阅项目计划书、设计输入和输出、设计转换、验证、确认、评审、更改等相关技术文档和控制文件及其记录,综合评价企业是否按规定对医疗器械设计和开发全过程进行了策划和控制,相关文件与记录保存是否真实、系统、完整。

> **第二十九条** 在进行设计和开发策划时,应当确定设计和开发的阶段及对各阶段的评审、验证、确认和设计转换等活动,应当识别和确定各个部门设计和开发的活动和接口,明确职责和分工。

■ **条款解读**

本条是对设计和开发策划主要内容的详细规定与要求,前半部分是关于设计和开发策划阶段划分和相关活动的要求,后半部分是有关设计和开发职能部门及其人员职责权限和沟通方面的要求。

YY/T0287-2003 在 7.3.1 设计和开发的策划中要求组织应确定:设计和开发的阶段;适合于每个设计和开发阶段的评审、验证、确认和设计转换活动;设计和开发的职责和权限。组织还应对参与设计和开发的不同小组之间的接口进行管理,以确保有效的沟通,并明确职责分工。策划的输出应形成文件,随设计和开发的进展,在适当时,策划的输出文件应予更新。

设计和开发策划有时也称设计和开发计划。设计和开发策划是对具体医疗器械产品开发进行的详细谋划。医疗器械设计和开发策划结果应形成文件,文件化的策划书常被称为"XX 产品设计和开发项目书或计划书"。典型的医疗器械设计和开发项目计划书通常体现以下内容:

(1) 设计和开发项目目标和拟设计和开发的医疗器械概述。

(2) 设计和开发必要性分析(包括对同类技术和产品评价)。

(3) 产品未来市场需求 / 规模和未来产品经济与社会效益概述。

(4) 设计和开发资源需求分析(包括总费用预估、人力资源、基础资源、环境资源,包括上述设备采购、设施改造、供方选择等可能影响项目成功与否或时限等因素的资源需求及其难点分析等)。

(5) 设计和开发控制与管理:可用于设计和开发的质量管理体系文件、程序和形成记录的清单及说明。

(6) 参与设计和开发计划的职能部门及其职责、权限及其对内、对外接口概述。

(7) 对设计和开发主要任务、难点分析。

(8) 设计和开发计划安排和时限规定。

(9) 设计和开发任务及资源分配表(包括设计和开发不同阶段主要任务、子任务、不同任务的职能部门、负责人、组员的职责权限、接口的详细描述)。

(10) 设计和开发的评审和管理(详细到具体设计和开发阶段)。

(11) 风险管理活动(详细到具体设计和开发阶段)。

(12) 其他必要内容(如编制、审核或评审、批准、附件等)。

设计和开发程序文件通常是针对企业所有设计和开发过程的控制规定,而设计和开发策划既可以针对产品,也可以针对过程,但通常更多是指针对具体医疗器械产品开发展开的策划活动。本条要求与 YY/T0287-2003 对设计和开发的策划的要求是相同的。策划输出应当形成文件应该看成是规范隐含的要求,资源分配也应当是隐含的要求。

企业应就拟设计和开发的过程或医疗器械产品,特别是后者,依据设计和开发程序文件的规定,确定设计和开发的具体阶段及各阶段评审、验证、确认和设计转换、风险管理等活动,并对预期目标、部门及人员职责、分工与协作、进度、资源需求与获得、流程运行与控制等必要的过程和活动进行计划和设定,确保企业拟上市的医疗器械能按预期的预算和进度完成设计开发和市场准入,达到预期的质量目标,取得预期的经济与社会效益。本条要求也适用于设计变更策划。设计和开发策划同时也是质量策划,质量目标应当贯穿设计和开发涉及的全部过程和全部活动。

设计和开发策划结果应形成文件。设计和开发输出可以有若干文件,如市场调研报告、项目开发预算报告、项目关键技术分析报告等。设计和开发策划总结文件有时也被称为设计开发策划书或计划书,而其他文件应是项目计划书的附件。由于设计和开发是一项创新活动,计划的实施受许多不确定因素的影响,随设计和开发的实际进展,计划可能会修改或更新,设计和开发策划输出文件也会随之变更。设计和开发策划输出文件应当是受控文件。

■ **检查要点**

1. 查看企业设计和开发策划资料,核实企业是否根据产品的特点,对设计开发活动进行了策划,并将策划结果形成文件。文件是否至少包括以下内容:

(1) 设计和开发项目的目标和意义的描述,技术指标分析。

(2) 确定了设计和开发各阶段,以及适合于每个设计和开发阶段的评审、验证、确认和设计转换活动。

(3) 应当识别和确定各个部门设计和开发的活动和接口,明确各阶段的人员或组织的职责、评审人员的组成,以及各阶段预期的输出结果。

(4) 主要任务和阶段性任务的策划安排与整个项目的一致。

(5) 确定产品技术要求的制定、验证、确认和生产活动所需的测量装置。

(6) 风险管理活动。

2. 核查企业是否按照策划实施设计和开发。当偏离计划而需要修改计划时,是否对计划重新评审和批准。

3. 查阅医疗器械设计和开发策划案例,核实企业是否按程序规定开展具体医疗器械产品设计和开发策划并保留相关文件和记录。

■ **检查方法**

1. 查阅设计和开发程序文件、相关管理制度、指导性文件等,重点了解企业有关设计和开发策划的相关规定。

2. 针对不同医疗器械的特点,查阅正在开发或已经完成开发的医疗器械设计和开发档案,查阅项目计划书、设计输入和输出、设计转换、验证、确认、评审、更改等相关技术文档、控制文件及其记录、注册/备案资料、生产许可/备案资料等,通过批准的项目计划书与实施结果或记录的比对,综合评价企业是否按规定对医疗器械设计和开发过程进行了策划,是否及时更新策划相关内容,如开发小组负责变更、开发任务/时限更改等是否体现在更新后的策划输出文件中。

> **第三十条**　设计和开发输入应当包括预期用途规定的功能、性能和安全要求、法规要求、风险管理控制措施和其他要求。对设计和开发输入应当进行评审并得到批准,保持相关记录。

■ 条款解读

本条是对设计和开发的输入内容及其评审的具体规定,前半部分是关于设计和开发输入重点内容的详细说明,后半部分是关于设计和开发输入评审、批准和记录保存方面的要求。

YY/T 0287-2003 在 7.32 中规定:设计和开发输入是指与产品有关的要求的输入,输入通常包括:根据预期用途确定的功能、性能和安全要求;适用的法律法规要求(主要指相关标准、与产品有关的规范或指导原则等);以前类似设计提供的信息;设计和开发所必需的其他要求;风险管理的输出。输入应当经过评审以确保输入是充分的、适宜的,并经过批准。输入要求应当完整、清楚,并且不能自相矛盾。相关记录的保存是隐含的要求。

YY/T 0595-2005/ISO/TR 14969:2004《医疗器械　质量管理体系　YY/T 0287-2003 应用指南》(以下简称"YY/T 0595-2005")给出了有关设计和开发输入内容的建议,包括器械的预期用途;器械的使用说明;器械的性能声明及其性能要求(包括正常的使用、贮存、搬运和维护);使用者和患者的要求;器械的物理和化学特性;人为因素和可用性要求;安全性和可靠性要求;毒性/生物相容性;电磁兼容性;极限与公差;可能用到的检测器具和设备;通过风险分析,建议采用的风险管理或降低风险的方法;本企业或市场同类产品相关的不良事件报告;其他相关历史资料、之前可用的设计文件;与附件或辅助器械的兼容性要求;与预期使用环境的相容性;包装与标记(包括防止可预见错误所采取的措施);顾客和使用者的培训要求;预期投放的市场法律法规要求;相关的推荐性标准(包括国家标准、行业标准、地区或国际标准、其他协调/共认的相关标准);制造过程;灭菌要求;经济和成本分析;医疗器械寿命要求和所需要的服务。以上内容更多针对有源或无源医疗器械,但不适用于体外诊断试剂。

产品设计和开发输入是设计和开发的重要依据,一旦确定,对整个设计和开发活动的进度、资源消耗、产品开发成功与否都有决定性影响,必须予以重视。

设计和开发输入与产品要求有高度相关性。设计和开发输入的产品要求应是在产品实现的策划阶段与顾客有关的过程中经过确定、评审并与顾客沟通过的要求。产品实现的策划阶段,企业通过调研分析顾客明示或潜在要求、法律法规要求、产品本身要求、企业要求等,确定拟开发医疗器械的产品要求,对其进行评审并按规定履行批准手续,形成受控的产品要求文件。

设计和开发输入是有关拟开发医疗器械要求的详细说明。设计和开发输入应当规定产品详细要求,并考虑最终生产的经济性和可行性(可规模化生产、部件/材料的可获得性、生产设施/设备和人员要求等)和后续合格评定的经济性和可行性(程序、方法、设施/设备、人员要求等),以便使设计和开发活动能够有效开展,并且能为后续设计评审、验证、确认等活动提供统一的依据与基准。

设计和开发输入应该最大程度地规定拟开发产品的所有要求和信息。设计和开发输入应当定期更新。如果更改,输入记录应当记录更改的原因、更改负责人和需要通知的部门和人员。随着设计过程的进展,设计和开发输入应该是最终的、最新的产品要求和信息。设计和开发输入的更新记录原则上应该说明有关各方对更新没有分歧。若有分歧,应该及时解决分歧。达成共识的设计和开发输入更新按规定履行批准手续后方可再次发布。

医疗器械注册是监管理部门对医疗器械企业提供的有关其产品安全性与有效性证据进行系统评估并决定是否允许其上市的过程。注册资料申报相关要求对企业设计与开发输入文件编制具有十分重要的参考价值。国家食品药品监督管理总局公告 2014 年第 43 号注册申报综述资料中对产品概述,包括产品描述、型号规格、包装说明、适用范围和禁忌症、预期使用环境、适用人群等内容提出了非常详细的要求。YY/T 0595-2005 也对设计和开发输入内容给出了很实用的建议。企业可以根据拟开发医疗器械的特点,并结合自身实际,在综合法规与标准相关要求的基础上编制设计和开发输入文件。

最终的设计和开发输入应该形成完整文件,输入信息应该完整、清晰,内在协调一致。企业应对设计和开发输入进行评审,按规定履行批准手续并形成受控文件。企业应保存设计和开发输入、评审、批准及更新全过程的所有记录。

■ 检查要点

1. 查看相关文件,核实企业设计和开发输入资料内容是否符合规范要求。

2. 查看相关文件,核实企业的设计和开发输入是否按设计和开发程序相关要求开展;是否按规定对输入进行了评审、批准并保持相关记录。

■ 检查方法

1. 查阅设计和开发程序文件、相关管理制度、指导性文件等,重点了解企业有关设计和开发输入的相关规定。

2. 针对不同医疗器械的特点,查阅正在开发或已经完成开发的医疗器械设计和开发档案,查阅项目计划书、设计输入和输出、设计转换、验证、确认、评审、更改等相关技术文档、控制文件及其记录、注册/备案资料、生产许可/备案资料等,通过批准的项目计划书与实施结果/记录的比对,综合评价企业是否按规定开展医疗器械设计和开发输入活动,输入记录是否覆盖规范要求内容;如新增行业标准、变更医疗器械制造部件或原材料等输入更改是否体现在更新后的输入文件中;是否按规定对输入进行了评审、批准并保持相关记录。

> **第三十一条**　设计和开发输出应当满足输入要求,包括采购、生产和服务所需的相关信息、产品技术要求等。设计和开发输出应当得到批准,保持相关记录。

■ 条款解读

本条是对产品设计和开发输出的要求,前半部分是有关设计和开发输出内容的要求,后半部分是关于设计和开发输出批准和记录的要求。

YY/T 0287-2003 在 7.3.3 中对设计和开发输出相关要求进行了说明:设计和开发的输出应以能够针对设计和开发的输入进行验证的方式提出,并应在放行前得到批准。设计和开发输出应当:满足设计和开发输入的要求;给出采购、生产和服务提供的适当信息;包含或引用产品接收准则;规定对产品的安全和正常使用所必需的产品特性。设计和开发输出的记录可包括规范、制造程序、工程图纸、工程或研究历程记录。应保持设计和开发输出的记录。

设计和开发输出是用于采购、生产、检验和试验、安装、服务和服务提供的产品要求。通过设计和开发,企业将输入时对医疗器械的书面技术的描述转化成能够进行验证和确认的设计和开发输出要求,准确地说,设计和开发输出是狭义设计过程的重要结果。企业应对设计和开发输出进行评审,形成受控的系列输出文件和样品/样机。输出信息应该完整、清晰,内在协调一致。必要时,企业可以按规定程序更新设计和开发输出批准文件。企业应按规定保存设计和开发输出、评审、批准及更新全过程的所有记录。经过评审和放行批准后,设计和开发输出可以为产品实现的其他过程,如采购、生产、检验和试验、安装和服务等提供信息和依据。

不同产品的设计和开发输出方式可能各异,输出可以包括文件、样品、图纸、规范或标准、配方等。无论以哪种方式输出,其所有信息都应当与受控的设计和开发输入最新版文件一一对照验证,以证实其满足了设计和开发输入的要求。

设计和开发输出通常包括:①有关原材料、组件和部件、外购外协件、中间品的所有技术规范或技术要求;零部件、中间品、成品图纸清单、所有图纸、工艺配方;②采购和外协清单(包括合格供方清单)、采购、外协标准和接收准则;③最终医疗器械规范或技术要求(包括医疗器械随附软件、成品包装、标签、技术说明书、使用说明书要求);④生产过程相关的所有流程及其工艺准则、作业指导书;⑤制造和检验环境、设施、设备、人员要求;⑥涉及原材料、外购外协件、中间品和成品的所有检验规程、接收和放行准则;⑦安装、服务程序和资源;⑧批量试生产最终产品;⑨注册申报/备案和生产许可/备案相关资料;⑩用以证明所有的设计和开发均按照批准的设计和开发策划开展活动并经验证、评审的记录文档、样品或样机。有时也包括设计和开发变更相关文件、软件和最终产品。没有完成设计验证和生产转换的设计和开发输出,相关内容在上述活动完成后可能需要更改或更新。

■ 检查要点

1. 核查设计和开发输出是否满足输入要求。

2. 核查企业的设计和开发输出资料是否至少包括以下内容或符合以下要求:

(1) 采购信息,如原材料、包装材料、组件和部件技术要求。

(2) 生产和服务所需的信息,如产品图纸(包括零部件图纸)、工艺配方、作业指导书、环境要求等。

(3) 产品技术要求。

(4) 产品检验规程或指导书。

(5) 规定产品的安全和正常使用所必须的产品特性,如产品使用说明书、包装和标签要求等。

(6) 产品使用说明书是否与注册申报和批准相一致。

(7) 标识和可追溯性要求。

(8) 提交给注册审批部门的文件,如研究资料、产品技术要求、注册检验报告、临床评价资料、医疗器械安全有效基本要求清单等。

(9) 样机或样品。

(10) 生物学评价结果和记录,包括材料的主要性能要求。

3. 核查企业的设计和开发输出是否按设计和开发程序相关要求开展,是否按规定对输出进行了评审、批准并保持相关记录。

■ 检查方法

1. 查阅设计和开发程序文件、相关管理制度、指导性文件等,重点了解企业有关设计和开发输出的相关规定。

2. 针对不同医疗器械的特点,查阅正在开发或已经完成开发的医疗器械设计和开发档案,查阅项目计划书、设计输入、输出、设计转换、验证、确认、评审、更改等相关技术文档、控制文件及其记录、注册/备案资料、生产许可/备案资料等,通过批准的项目计划书与实施结果、记录的比对,综合评价企业是否按规定开展医疗器械设计和开发输出活动;输出内容是否全面、符合规范要求;可结合对输入的要求检查输出是否满足输入要求;输出文件记录是否真实、完整。变更原材料、部件图纸或接收准则等输出更改是否体现在更新后的输出文件中;是否按规定对输出进行了评审、批准并保持相关记录。

> **第三十二条**　企业应当在设计和开发过程中开展设计和开发到生产的转换活动,以使设计和开发的输出在成为最终产品规范前得以验证,确保设计和开发输出适用于生产。

■ 条款解读

本条款是对产品设计转换活动的要求,重点强调设计和开发的输出在成为最终产品规范前得以验证。YY/T 0287-2003 在 7.3.1 设计和开发策划中明确要求:组识策划时应确定在设计和开发过程是开展哪些设计转换活动,并注明设计和开发过程中设计转换活动可确保设计和开发输出在成为最终产品规范前得以验证,以确保其适于制造。由于转换活动并非一个独立的过程,事实上,在整个设计和开发过程中,设计转换都必须作为一个重要方面给予关注,例如在输入阶段,在确定与产品有关的要求时就需要考虑与生产有关的因素,如原材料、部件、生产和检验试验设施设备的可获得性、经济性、工艺可行性、法律法规要求的可及性等等。在设计和开发输出后,为了能够适用于生产,更应当经过严格验证方可转化为最终产品规范。

设计转换是指从医疗器械样品试制、小批量试产、中试到实现质量稳定地、持续有序地批量化、规模化生产的过程。医疗器械设计和开发策划、输入与输出都应对设计转换活动做出恰当的考虑、安排和控制,以保证规模化生产时:①原材料或配件是经济的、可获得的;②生产工艺是经济的、可行的且稳定可靠的,产品合格率到达到预定目标;③产品质量持续稳定、可控,质量控制和质量保证程序运行良好;④企业生产效率达到或高于行业内平均水平。

目前不少企业由于对设计转换不够重视,设计转换活动浅尝辄止,有时申请注册的所有型号规格还未生产出全部合格样品,就开始申请产品注册。当产品完成注册和生产许可后,才开始关注设计转换活动,结果花了很长时间才使生产产品质量持续稳定,欲速则不达,实际上延误了产品上市,甚至导致上市产品因技术参数不符合注册产品标准或注册产品技术要求而受到行政处罚。

设计和开发策划、输入、输出阶段都可能开展相关的设计转换活动,如设计和开发策划、输入时就已经考虑生产方式、生产规模、生产工艺,设计输出时也包括了生产规范相关内容。但是系统的、全面的设计转换应该在设计和开发输出之后进行,最晚应在提交注册申请前完成,主要的设计转换活动最好在开展注册型式检测前完成。企业最好按照现行医疗器械注册中的质量管理体系核查和医疗器械生产许可前的《医疗器械质量管理规范》检查,都对企业设计转换活动有一定的要求,企业应该在其质量管理体系运行的前提下,连续批量试生产,确认是否具备持续稳定生产合格医疗器械的能力。在具备此能力基础上,方可按医疗器械注册要求开展型式检验(包括安全性检验等)。在企业按规定程序和方案完成医疗器械验证的基础上,也可以将型式检测的结果作为确认设计转换活动是否成功、有效的重要证据。

注册型式检验和注册审核都可能引起产品技术规范、技术要求主动或被动地修改或变更,这时企业还需安排必要的验证和确认,并按质量管理体系相关规定及时更新产品技术规范、生产规范和安装、交付、服务等规范。医疗器械投产后,若需要变更生产方式、生产工艺、扩大生产规模,也需要开展生产转换相关活动。设计和开发输出在进行充分的验证和确认后,才能成为最终产品规范。而产品技术规范只有全部正确地转化为成产品生产规范,并适合企业规模化生产,才能最终服务于生产。必要时,设计和开发输出还应确保产品技术规范相应的部分已正确转化为安装、交付、服务等规范,以确保临床使用的安全有效。

■ 检查要点

1. 核实企业是否按设计和开发策划相关规定开展设计转换活动。

2. 核实企业设计和开发转换的相关文件是否至少符合以下要求:

(1) 应当在设计和开发过程中开展设计转换活动以解决可生产性、部件及材料的可获得性、所需的生产设备、操作人员的培训等。

(2) 设计转换活动应当将产品的每一技术要求正确转化成与产品实现相关的具体过程或程序。

(3) 设计转换活动的记录应当表明设计和开发输出在成为最终产品规范前得到验证,并保留验证记录,以确保设计和开发的输出适于生产。

(4) 应当对特殊过程的转换进行确认,确保其结果适用于生产,并保留确认记录。

3. 检查企业是否对设计和开发输出进行了充分验证、确保输出适用于生产后,才将输出相关内容转化成最终产品实现的规范。

■ 检查方法

1. 查阅设计和开发程序文件、相关管理制度、指导性文件等，重点了解企业有关设计和开发策划和设计转换的相关规定。

2. 针对不同医疗器械的特点，查阅正在开发或已经完成开发的医疗器械设计和开发档案，查阅项目计划书、设计输入、输出、设计转换、验证、确认、评审、更改等相关技术文档、控制文件及其记录、注册/备案资料、生产许可/备案资料等，通过批准的项目计划书与实施记录的比对，综合评价企业是否按策划规定开展了医疗器械设计转换活动。企业是否对设计和开发输出进行了充分验证、确保输出适用于生产；输出的相关内容是否全部转化为最终的产品实现相关的规范；当各种原因引起产品生产规范变更时，企业是否开展了设计转换相关活动；企业是否保持了设计转换相关文档和记录。

> **第三十三条**　企业应当在设计和开发的适宜阶段安排评审，保持评审结果及任何必要措施的记录。

■ 条款解读

本条款是对设计和开发评审的要求，包括评审时机适宜性、保持评审结果及必要措施的记录。

YY/T0287-2003 在 7.3.4 中对设计和开发评审有明确的要求：在适宜的阶段，组织应依据设计和开发策划的安排对设计和开发全过程进行系统的评审，以便达到如下目的：评价设计和开发的结果满足要求的能力；识别任何问题并提出必要的措施。评审的参加者包括与所评审的设计和开发阶段有关的职能的代表和其他的专家人员。评审结果及任何必要措施的记录应予保持。

评审（review）是指为了确定主题事项达到规定目标的适宜性、充分性和有效性所进行的活动。评审也可包括确定效率。典型的评审有管理评审、设计和开发评审、顾客要求评审和不合格评审。

设计和开发评审是对设计和开发阶段结果和最终结果的适宜性、充分性、有效性、是否达到规定目标所进行的系统评估活动。评审活动既可以评价设计和开发结果是否能够满足顾客要求、法律法规要求和企业附加要求，也有助于发现设计和开发不同阶段问题并采取有效的纠正预防措施，避免产品设计缺陷和产品不合格对后续开发和生产、生产后活动的不良影响。

　　企业应按照设计和开发策划的安排在适当的阶段对设计和开发的结果进行全面、完整的系统评审。设计和开发评审的阶段、内容、方式因产品技术复杂度、企业规模、设计和开发组织协调等不同而各异。设计和开发评审设置的频次和规模宜与项目复杂度相匹配。通常产品技术复杂度低、企业规模小、设计和开发涉及职能部门少、日常沟通交流较好的项目，评审频次设置的较低，仅需在设计和开发关键点进行评审即可。而产品技术复杂、生产规模大、设计和开发涉及职能部门多的项目，评审频次则要增加，通常在设计和开发输入、输出取得阶段结果时进行评审，也可以在验证、确认和生产转换活动取得阶段性成果时进行。评审可以采用企业内部逐级审查、集中会议评审、外部专家评审、利益相关方评议等方式或组合方式进行。参与评审的人员既可以来自企业内部，也可以来自企业外部，但通常应包括企业参与设计和开发相应阶段的职能部门负责人、设计和开发人员和相关职能部门代表，必要时聘请其他专家和代表，如临床专家、工程专家、顾客、经销商等。

　　企业应保存产品设计和开发评审的结果及其后续采取的任何必要措施的所有记录。

■ 检查要点

　　1. 查看企业相关文件，检查企业是否在设计和开发程序、设计和开发策划书中明确设计和开发评审相关内容。

　　2. 检查企业是否按规定在适宜的阶段开展了设计和开发评审活动，并保存了评审结果及后续如何必要措施，包括纠正与预防措施的纪录。

■ 检查方法

　　1. 查阅设计和开发程序文件、相关管理制度、指导性文件等，重点了解企业有关设计和开发策划和评审的相关规定。

　　2. 针对不同医疗器械的特点，查阅正在开发或已经完成开发的医疗器械设计和开发档案，查阅项目计划书、设计输入、输出、设计转换、验证、确认、评审、更改等相关技术文档、控制文件及其记录、注册/备案资料、生产许可/备案资料等，通过批准的项目计划书与实施结果、记录的比对，综合评价企业是否在设计的开发策划书中明确设计和开发评审相关内容；是否按规定开展了设计和开发评审活动；是否对设计和开发不同阶段识别出的问题分别采取了有效的措施；企业是否保留了设计和开发评审的结果及其后续活动相关全部文档和记录。

> **第三十四条** 企业应当对设计和开发进行验证,以确保设计和开发输出满足输入的要求,并保持验证结果和任何必要措施的记录。

■ **条款解读**

本条款是对产品设计和开发验证的要求,条款前半部分是对验证目的的陈述,后半部分是对保持验证结果及验证措施记录的要求。

YY/T0287-2003 在 7.3.5 中对设计和开发验证有明确要求:为确保设计和开发输出满足输入的要求,组织应依据所策划的安排对设计和开发进行验证。验证结果及任何必要措施的记录应予保持。

验证(verification)是指通过提供客观证据对规定要求已得到满足的认定过程。认定可以包括下列活动:如变换方法进行计算;将设计规范与已证实的类似设计规范进行比较;进行试验和演示;文件发布前进行评审。设计和开发验证就是通过各种方法提供客观证据,证明设计和开发输出满足输入的要求。

设计和开发输出满足输入的要求,主要的手段就是验证。验证的方式方法多种多样,具体产品不同的技术要求适用哪一种验证方法,需要企业综合相关标准要求、验证要求精度、经济性、可行性等因素进行评估,选择适当的方式方法,制定专项验证方案,经过规定的批准程序后实施,并保留所有验证相关的文件与记录。验证方法本身也需要进行验证,以证明适用于具体项目的验证。如消化道组织吻合用的吻合器,产品技术要求中一般会有使用性能的项目,需要观察吻合器吻合成型及吻合口的承压能力。企业一般会选择吻合海绵来验证吻合器的吻合性能。选取何种海绵才能与实际被吻合组织更接近是企业需要认真考虑的。事实上,既便进行了认真选择,海绵的性能仍然无法与活体组织相比拟,所以不少企业还会设计猪肠吻合口压力试验进行进一步验证。同时采用多种方式共同对一组要求进行验证也是一种可取的方法,以弥补单一验证方法的局限。由于企业的监视测量资源有限,有些验证,企业只能借助外部资源,如电气设备电磁兼容、电气设备安全性能等更是如此。借助外部设备和专家开展验证也是弥补企业资源和能力不足的一种可取方法。若采用委托验证,委托企业应对验证结果负责。委托验证时,企业可以选择相关检测机构,也可以选择具备能力的相关机构与企业。

常用的验证方法包括但不限于以下方法:

(1) 变换方法计算法:用不同的计算方法,考察是否能获得同一结果,以证明计算方法的可信性。

(2) 人为制造超限法:人为制造设施/设备或生产过程超限,以考核设施/设备或人员预警、处置等能力。

(3) 同类产品比较法:将新设计和开发结果与本企业同类已上市产品或其他企业同类或相似设计已上市产品进行比较,以证实新设计结果的可行性。

(4) 样品/样机试制与测试:按设计输出结果去采购、加工、装配、调试、测试或模拟(测试或模拟可能由企业实施,也可能由企业委托外部有能力或有资质的机构或组织实施),考核样品/样机性能能否达到设计输入要求。

(5) 批量生产与测试:按设计转换的结果采购、投料、生产,实施过程控制和产品放行测试(测试可能由企业实施,也可能由企业委托外部有能力或有资质的机构或组织实施),考核设计生产转换结果能否达到设计输入要求。

(6) 文件发放前的评审:由有经验有资质的人员对文件进行评审,如对产品技术要求是否全面实施国家标准和行业标准中适用部分进行一一核对并进行系统评审;或对已上市产品说明书是否已全面实施《医疗器械说明书和标签管理规定》进行系统评审,以证实设计输出结果满足设计输入要求。

设计和开发过程中,按策划规定的时机开展验证是必要的。由于设计和开发是一系列前瞻性活动,项目的推进在某些部分是平行的,有些部分是递进关系,关键技术或技术难点如果没有取得突破性进展,会大大延迟整个项目的进程。为了提高效率,在设计和开发活动的子过程中,也可以根据设计和开发需要,临时设计一些验证活动,以提高后续设计和开发活动的成功率。

医疗器械本身技术复杂度、风险度,企业相关医疗器械技术积累程度等直接决定了设计和开发策划中验证的频次、验证的深度与广度。复杂的、重大的验证方案实施前需要先进行评审,以确定方案的适宜性、充分性与可行性。必要时,还需对验证结果进行评审,并对识别出问题采取进一步纠正预防措施。

设计和开发程序应当对验证相关记录保持进行规定。企业应当按照规定保留医疗器械设计和开发所有验证相关文件、验证结果、验证后的改进措施及其相关记录。

■ 检查要点

1. 核实企业是否在设计和开发程序中对设计和开发验证进行适当的规定;是否在医疗器械设计和开发策划中对验证进行具体策划,包括验证人员、方法和时机等。

2. 核实企业是否按设计和开发策划及设计需要开展了验证活动。

3. 核实企业是否保持了验证相关文件、验证结果、后续措施及其相关记录。

4. 核实企业的验证相关结果能否为设计和开发的输出满足输入要求提供充足的支持证据。

■ **检查方法**

1. 查阅设计和开发程序文件、相关管理制度、指导性文件等,重点了解企业有关设计和开发策划和验证的相关规定。

2. 针对不同医疗器械的特点,查阅正在开发或已经完成开发的医疗器械设计和开发档案,查阅项目计划书、设计输入、输出、设计转换、验证、确认、评审、更改等相关技术文档、控制文件及其记录、注册/备案资料、生产许可/备案资料等,通过批准的项目计划书与实施记录的比对,综合评价企业是否在设计的开发策划书中明确设计和开发验证相关内容;是否确认验证方法的科学性;是否按规定开展了设计和开发验证活动;是否保留了设计和开发验证的结果及其后续活动相关文档和记录;核对批准后的设计和开发输入与输出文件,根据输出满足输入结果的程度评估验证汇总结果的系统性、全面性。

> **第三十五条** 企业应当对设计和开发进行确认,以确保产品满足规定的使用要求或者预期用途的要求,并保持确认结果和任何必要措施的记录。
>
> **第三十六条** 确认可采用临床评价或者性能评价。进行临床试验时应当符合医疗器械临床试验法规的要求。

■ **条款解读**

第三十五条是对产品设计和开发确认的要求,前半部分是对设计和开发确认活动及其目的的规定,后半部分是对确认结果、记录的要求。第三十六条是对确认方法的说明,特别强调进行临床试验应当符合有关法规的要求。

YY/T0287-2003 在 7.3.6 中对设计和开发确认有明确要求:为确保产品能够满足规定的适用要求或已知预期用途的要求,组织应依据策划的安排对设计和开发进行确认。确认应在产品交付或实施之前完成(如果医疗器械只能在使用现场进行组装和安装后进行确认,则该医疗器械直到正式转交给顾客之后才可认为是完成交付)。确认结果及任何必要措施的记录应予以保持。作为设计和开发确认活动的一部分,如国家或地区的法规要求(如果提供医疗器械是为了临床评价和(或)性能评价提供医疗器械,则不能认为是完成了),组织应实施医疗器械临床评价和(或)性能评价。

确认(validation)是指通过提供客观证据对特定的预期使用或应用要求已得到满足的认定。确认所使用的条件可以是实际的或是模拟的。

临床评价是指申请人或者备案人通过临床文献资料、临床经验数据、临床试验等信息对产品是否满足使用要求或者适用范围进行确认的过程。临床评价资料是指申请人或者备案人进行临床评价所形成的文件。需要进行临床试验的,提交的临床评价资料应当包括临床试验方案和临床试验报告。临床评价的详细要求可见国家食品药品监督管理总局发布的《医疗器械临床评价技术指导原则》。非体外诊断试剂医疗器械的临床评价的要求详见《医疗器械临床评价技术指导原则》。

临床试验是指在经资质认定的医疗器械临床试验机构中,对拟申请注册的医疗器械在正常使用条件下的安全性和有效性进行确认或者验证的过程,通常指医疗器械在上市前开展的、前瞻性的、有严格生物统计学要求的临床研究。

预期用途是指产品的适用范围(如适用人群、适用部位、与人体接触方式、适应证、疾病的程度和阶段、使用要求、使用环境等)、使用方法、禁忌证、防范措施、警告等临床使用信息的总称。

医疗器械使用事关人的生命健康。虽然设计和开发输出满足了输入要求,设计和开发验证等活动也从不同角度证实了设计和开发的结果符合企业设计和开发策划的预期要求。为了保持风险与受益的平衡,在医疗器械预期大规模用于人体前,必须取得更多、更可靠的临床安全有效性证据,以证明新医疗器械满足规定的使用要求或预期用途的要求。因此,企业应当开展的设计和开发确认活动。

临床评价活动是设计和开发确认的主要手段。企业通过搜集评价临床文献资料、经验数据开展临床试验等以对产品是否满足使用要求或者适用范围进行确认并形成文件。临床试验是开展临床评价活动的一种重要手段。设计和开发确认还可以由具备能力的团队或人员对拟设计和开发的医疗器械在模拟正常使用条件下的安全性和有效性进行确认或者验证的方式开展,如以确认为目的的动物试验。必要时,企业应当对采用模拟方式开展的确认活动进行评审。

临床评价的基本原则是科学、全面、客观。企业应当通过临床试验等多种手段收集临床数据。临床评价过程中收集的临床性能和安全性数据,不论是否有利于企业,均应完整地纳入分析。临床评价的深度和广度、需要的数据类型和数据量应与产品的设计特征、关键技术、适用范围和风险程度相适应,也应与非临床研究的水平和程度相适应。

临床评价实际上是一项应贯穿医疗器械全生命周期的持续活动。对医疗器械临床安全有效性信息的收集活动,如确定产品预期用途等通常早在设计和开发输入阶段就已经开始了。然后在产品临床前验证与确认活动完成后,开展正式的临床评价活动,其目的是收集足够的医疗器械临床安全有效性证据,为医疗器械获得注册提供重要依据。在医疗器械上市后,在其使用过程中应通过不良事件监测等手段获得新的临床安全性与有效性信息后需要重复实施临床评价。上述信息同时也为风险分析提供输入。必要时,可能需要采取修改医疗器械使用相关的指导信息,如警示性标签修改或产品说明书修改等风险管理措施。

临床试验应当按照法规的要求在具备资质的医疗机构或使用单位按照《医疗器械临床试验质量管理规范》的要求开展临床试验,并形成临床试验报告。应当进行临床试验前备案或按规定进行临床试验审批的,应当按照规定进行备案、审批。目前具备临床试验资质的单位是药物临床试验机构,未来应当是取得资质的医疗器械临床试验机构。目前指导医疗器械的有效法规是《医疗器械临床试验规定》。指导体外诊断试剂的临床试验的有效文件是《体外诊断试剂临床试验技术指导原则》。

根据《医疗器械监督管理条例》《医疗器械注册管理办法》《体外诊断试剂注册管理办法》的相关规定,第一、二、三类医疗器械都应当开展医疗器械临床评价活动、采取后续措施并达到如下目的:在正常使用条件下,产品可达到预期性能;与预期受益相比较,产品的风险可接受;产品的临床性能和安全性均有适当的证据支持。由于医疗器械本身技术复杂度、风险度、使用者、适用范围、使用方法等不同,设计和开发确认活动的复杂度也大不相同:通常管理类别高的、技术复杂度高、使用风险大、适用范围广、使用方法要求高、新技术应用度高的医疗器械,其设计和开发确认的要求也较高。

企业应当在设计和开发程序中对设计和开发确认相关活动的途径进行规定。在医疗器械设计和开发策划时,就应当对设计和开发确认的活动进行安排。企业应当按照法规规定和相关标准的要求开展设计和开发确认活动;按照设计和开发确认方案开展确认性能评价或动物试验;按照医疗器械临床评价指导原则要求开展临床评价;必要时,按高风险医疗器械临床试验审批要求履行审批手续后方可开展临床试验;作为申办者,督促研究者按《医疗器械临床试验质量管理规范》要求开展临床试验并进行临床试验质量管理;开展必要的产品上市后设计确认活动并采取相应的风险管理措施。保存产品设计和开发确认相关文件、结果及其后续采取的任何必要措施的所有记录。

■ 检查要点

1. 核实企业是否在设计和开发程序中对设计和开发确认活动进行适当的规定,相关内容是否符合法规的要求。

2. 核实企业是否在医疗器械设计和开发策划阶段对确认活动进行了适当的设置且对如何开展确认活动进行了系统、全面的规定。

3. 核实企业是否按设计和开发策划及设计需要开展确认活动。

4. 核实企业是否保持了确认相关文件、结果、后续措施及其相关记录。

5. 核实企业的确认结果能否证明医疗器械临床安全性的有效性。

6. 查看临床评价报告及其支持材料。对于需要进行临床评价或性能评价的医疗器械,企业是否能够提供评价报告及其支持性资料。

7. 若开展临床试验的,其临床试验是否符合法规要求并提供相应的支持性材料。

■ 检查方法

1. 查阅设计和开发程序文件、相关管理制度、指导性文件等,重点了解企业有关设计和开发策划和确认的相关规定。

2. 针对不同医疗器械的特点,查阅正在开发或已经完成开发的医疗器械设计和开发档案,查阅项目计划书、设计输入、输出、设计转换、验证、确认、评审、更改等相关技术文档、控制文件及其记录、注册/备案资料、生产许可/备案资料等,通过批准的项目计划书与实施结果、记录的比对,综合评价企业是否在设计的开发策划书中明确设计和开发确认相关内容,规定是否符合法规要求;是否按规定开展了设计和开发确认活动;是否保留了设计和开发验证的结果及其后续活动相关文档和记录;核对批准后临床评价资料及其附件资料,评估临床评价报告是否可以证明以下三点:①在正常使用条件下,产品可达到预期性能;②与预期受益相比较,产品的风险可接受;③产品的临床性能和安全性均有适当的证据支持。

第三十七条 企业应当对设计和开发的更改进行识别并保持记录。必要时,应当对设计和开发更改进行评审、验证和确认,并在实施前得到批准。

当选用的材料、零件或者产品功能的改变可能影响到医疗器械产品安全性、有效性时,应当评价因改动可能带来的风险,必要时采取措施将风险降低到可接受水平,同时应当符合相关法规的要求。

■ 条款解读

本条是对产品设计和开发更改的控制要求。第一款前半部分是对设计和开发更改及记录的要求,后半部分是对设计和开发更改评审、验证、确认及批准的具体规定;第二款是对设计和开发更改中涉及到医疗器械安全有效性更改的风险管理和变更注册的具体要求。

YY/T0287-2003 在 7.3.7 中对设计和开发更改有明确要求:组织应识别设计和开发的更改并保持记录。适当时,应对设计和开发的更改进行评审、验证和确认,并在实施前得到批准。设计和开发更改的评审应包括评价更改对产品组成部分和已交付产品的影响。

更改的评审结果及任何必要措施的记录应予保持。

　　设计和开发更改在医疗器械设计和开发过程中是个大概率事件。由于受许多不确定因素的影响,产品设计过程中常常需要对原定设计进行修正、补充与完善。设计和开发更改可能发生在设计和开发过程的任何阶段:如输入后、开发中、输出前、输出后,评审、验证、确认、风险分析活动后或产品取得上市许可前或产品上市后。可能引起设计和开发更改的原因有:因为设计和开发评审、验证、确认活动后作为必要措施进行的更改;事后识别出的设计和开发阶段产生的错误或不当(如技术要求计算或标注错误、因材料选择不当造成的生物相容性问题);因制造、安装或使用中的困难发现的前期设计不当,必须进行的更改(如材料选择不当造成的加工困难或设计不当造成的设备非预期停机关机等);工程学或人体工学更改;风险管理活动要求的更改;顾客或供方要求的更改(款式、颜色、商标、软件界面等);纠正和预防措施要求的整改;安全性、法规要求或其他要求所需的更改(设备外壳材质更换引起的医用电气设备安全性要求变化);产品功能或性能的改进等等。

　　不同阶段的设计和开发变更,变更的范围与程度对医疗器械安全有效性的影响程度是不一样的,需要开展的后续相关活动也是不一样的。如生产工艺由手工或半自动生产改为全自动化生产等。复杂的设计和开发更改需要认真开展风险评估、更改方案评审、验证、确认等一系列活动,并按照规定程序批准后方可实施。必要时,甚至需要重新开展至少从设计和开发策划起始的全部设计和开发活动。如果医疗器械已经上市,更改不但需要考虑对医疗器械本身产生的影响,还需要考虑已上市医疗器械是否需要实施召回。如因产品不良事件报告后续措施导致的 CT 机软件安全性升级,就要考虑对全部已上市的医疗器械实施软件升级。根据医疗器械注册管理办法、体外诊断试剂注册管理办法、医疗器械说明书和标签管理规定、医疗器械生产监督管理办法等相关法规的规定,已取得上市许可的医疗器械在实施设计和开发更改后,需按法规规定履行变更注册申请、说明书备案、生产条件重大变更报告等义务,获得批准后方可将更改后的产品投放市场。

　　设计和开发更改可能发生在设计和开发的任何阶段。实践中,下列原因常常导致设计和开发更改:顾客要求的变化;强制性医疗器械相关标准或法规要求的变化;采购(原材料、零部件、外购外协件改变)、生产、监视测量过程发现的可能影响产品质量或影响生产效率时;生产方式、工艺变更导致的产品质量或生产效率变化;纠正预防措施或风险管理的需要;不良事件监测和产品再评价导致的更改。

　　需要特别关注的是设计和开发基本完成后的设计更改。此类更改可能包含两种情况:一是完成设计和开发输出,正在进行或已完成相关验证或确认活动,但还未取得医疗器械注册证和医疗器械生产许可证,需要进行设计更改;二是完成设计和开发活动,取得医疗器械注册证和生产许可证,产品已上市,需进行设计和开发更改。第一种更改可能引起企业产品上市的期限大大延后,对市场竞争不利,有些企业让医疗器械带着缺陷上市,为医疗器械临床使用留下了较大的风险隐患。第二种更改还需要确认是否应该再次进行型式检验(如医用电气设备更换外壳材质等可能需要再次验证其电气安全性)、是否应该履行法规规定的注册变更手续。如不锈钢金属接骨板增加表面氧化处理工序,使产品表面增加氧化层;体外诊断试剂的重要原材料变更等需要按法规要求进行变更注册;一次性使用血液真空采集容器生产由半自动化生产变更为全自动化生产,需要按法规规定履行报告义务,监管部门需要对企业的质量管理体系进行现场检查,等等。总之,设计和开发更改的时点不同、内容不同、程度不同、对医疗器械整体安全有效性影响不同,需要开展的后续相关活动也不同。

设计和开发更改如果改变的是医疗器械质量特性,则改进一个质量特性可能会引起另一个质量特性非预期的不利影响(如医用电气设备外壳由塑料变为金属外壳后,引起电气安全变化),因此必须综合考虑更改及其影响。例如,产品是否仍符合强制性国家标准和行业标准;是否仍符合经注册的产品技术要求;是否仍符合企业有效产品规范;预期用途是否需要更改;风险评价是否会变化?更改是否会影响产品或系统的不同部件;是否需要进行进一步的设计(增加与其他产品或系统的物理连接等);更改是否会引起生产、安装和使用的问题;更改是否可以验证;更改是否需要进行临床试验;更改是否需要进行变更备案/变更注册变更许可或向监管部门报告。

企业应当对设计和开发更改进行控制。医疗器械设计和开发更改,特别是重要原材料、零部件或产品功能性的变更,可能对与产品安全有效性相关的其他质量特性产生重大影响。因此无论何种设计和开发更改,企业均应按设计和开发程序规定,对设计和开发更改活动进行控制和管理。必要时,通过设计和开发策划、输入、输出控制,通过适当的评审、验证、确认及其每个阶段的后续措施的跟进,保证设计和开发过程中的更改得到很好的识别与控制。特别是多项设计和开发更改同时进行或更改可能导致涉及产品安全性有效性重大变化时,企业必须重新依次对与产品有关的更改要求、设计和开发更改的输入、输出、对原设计产品安全有效和已交付产品影响等进行系统的评审,开展风险分析、制定专项更改方案,按规定履行批准手续后实施。更改后进行系统的验证和确认活动。必要时,按法规规定履行注册变更程序,取得医疗器械变更注册后或完成相关法规规定义务后,方可正式将设计更改后的产品投放市场。必要时,企业还应确认是否需要按规定对已交付产品实施召回。

企业应保存产品设计和开发更改涉及的评审、验证、确认及其后续采取的任何必要措施的所有记录。

■ 检查要点

1. 核实企业是否在设计控制程序中对设计和开发更改进行适当的规定。

2. 核实企业是否在医疗器械设计和开发策划等适当阶段对更改活动进行了明确且对如何开展设计和开发更改活动进行了系统的规定（包括采取必要的风险控制措施）。

3. 核实企业是否按设计和开发策划及设计需要开展更改活动。

4. 核实企业设计和开发更改的评审记录，至少符合以下要求：是否包括更改对产品组成部分和已交付产品的影响；设计和开发更改的实施是否符合医疗器械产品注册的有关规定；设计更改的内容和结果涉及改变医疗器械产品注册证／备案凭证所载明的内容时，企业是否进行了风险分析，并按照相关法规的规定，申请变更注册／备案，以满足法规的要求。

5. 核实企业是否保持了设计和开发更改所有相关文件及记录，包括更改相关的评审、验证、确认及其后续措施相关的所有文件和记录。

■ 检查方法

1. 查看企业设计和开发策划、输入、输出和设计更改文件，确认在设计和开发的哪些阶段有设计更改，是否对这些更改都实施了必要的、有效的评审及批准程序；更改后是否实施了必要的验证或确认活动。更改相关文档、结果及任何必要措施的记录是否都得到了保存。

2. 针对不同医疗器械的特点，查阅正在开发或已经完成开发的医疗器械设计和开发档案，查阅项目计划书、设计输入、输出、设计转换、验证、确认、评审、更改等相关技术文档、控制文件及其记录、注册资料等，通过批准的项目计划书与实施结果／记录的比对，综合评价企业是否在设计的开发策划书中明确设计和开发更改相关内容，规定是否符合法规要求；是否按规定开展了设计和开发更改活动；是否保留了设计和开发更改的结果及其后续活动相关文档和记录；设计和开发更改确定的产品要求是否都转化成有效的产品规范以指导生产；核对更改前后的相关文件和记录，评估企业是否采取必要的风险控制措施将风险降低至可接受水平，更改是否履行必要的说明书备案、产品备案／注册、生产许可／备案或报告等法规义务。

第三十八条 企业应当在包括设计和开发在内的产品实现全过程中，制定风险管理的要求并形成文件，保持相关记录。

■ **条款解读**

本条是对包括设计和开发在内产品实现全过程风险管理要求,包括制订风险管理的文件并保持相关记录。

YY/T0287-2003 在 7.1 产品实现的策划中对风险管理有明确要求:组织应在产品实现全过程中,建立风险管理的形成文件的要求。应保持风险管理产生引起的记录组织应在产品实现全过程中,建立风险管理的形成文件的要求。应保持风险管理引起的记录。风险管理的指南见 ISO14971(YY/T 0316)。

医疗器械产品实现全过程通常包括产品实现的策划、与顾客有关的过程、设计和开发、采购、生产和服务提供、监视和测量装置的控制六个过程。

风险管理(risk management)是指用于风险分析、评价、控制和监视工作的管理方针、程序及其实践的系统运用。

企业应当在整个医疗器械生命周期内建立风险管理的程序、形成文件并实施持续的风险管理过程,用以判定与医疗器械有关的危害、估计和评价相关的风险、控制这些风险并监视控制的有效性。风险管理过程通常包括四个要素:风险分析、风险评价、风险控制、生产和生产后信息。产品实现过程应当包括风险管理过程中的适用部分。对某个具体医疗器械风险管理活动而言,风险管理的部分活动可能会在不同要素间进行不同程度的递进性循环,以便在动态过程中达到风险管理的最终目的。风险管理与风险管理四要素间的关系如图 6-3 所示。

风险管理通用要求包括风险管理过程确定、管理职责确定、人员资格及人员确定、制定风险管理计划、保持风险管理文档五个部分。风险管理可以是企业质量管理体系的一个组成部分。风险管理主要用查看文件的方式检查符合性。

YY/T0316-2008 为医疗器械风险管理应用提供了详细的指南,并在附录部分给出了用于判定医疗器械与安全性有关特征的问题清单、用于医疗器械的风险概念、危害、可预见的事件序列和危害处境示例、风险管理计划、风险管理技术资料、体外诊断试剂风险管理指南、生物学危害风险分析过程指南、安全性信息和剩余风险等有用信息,企业可以学习借鉴。

风险管理是医疗器械生产企业质量管理体系的一个重要有机组成部分。企业应当在产品实现全过程中考虑如何应用风险管理活动的输出,或如何从风险管理活动的结果中获益。风险管理活动结果可能会影响产品实现的全过程,如确定采购控制的性质和程度;供方批准;重要的设计输入;评价输出的准则;确定设计和开发更改的必要性;确定生产和过程控制要求及接收准则;确定检验检测的控制程度及放行标准等等。风

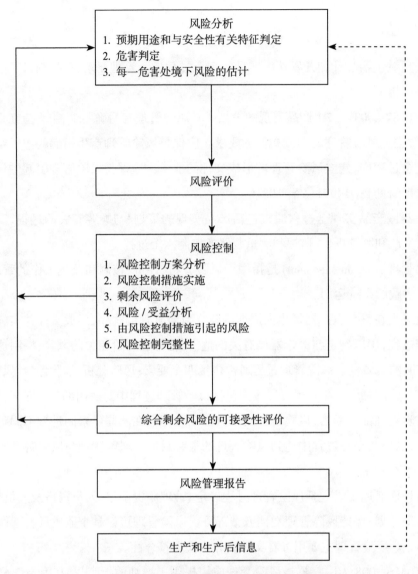

图 6-3　医疗器械风险管理与要素间关系示意图

险管理活动还能影响其他质量管理活动：如管理评审决定，人员培训需求，厂房与设施、生产与检测设备配备，不合格品的处置、纠正预防措施等。有效的风险管理活动有助于提高医疗器械在设计和开发、采购、生产、运输、贮存、安装、使用、维护、维修、更改、停用、处置全生命周期的安全性和有效性。为确保医疗器械达到安全有效基本要求，企业应在产品实现的全过程中实施风险管理并形成文件。针对风险管理所进行的活动均应保存记录。

　　企业应当将风险管理过程作为一个子系统，以适当的形式完全整合进企业质量管理体系之中。如可将风险管理过程在质量手册中以图表的形式加以描述，并明确由最高管理者制定风险可接受方针;将管理职责、人员资质等在职责与权限中加以规定;将风险管理文档保持在文件管理中加以规定;将风险管理在医疗器械全生命周期等原则性要求在质量手册相关部分加以规定。由于对具体医疗器械来说,风险管理活动是高度个性化的活动。在上述原则性整合基础上,企业应当制定独立的、针对具体医疗器械的风险管理文件,对产品实现不同阶段,包括产品实现的策划、与顾客有关的过程、设计和开发、采购、生产和服务提供、监视和测量装置的控制、医疗器械交付及交付后服务等不同部分,如何实施风险管理活动进行具体的计划,形成具体医疗器械风险管理计划书。风险管理活动应当与产品实现不同过程进行高度整合。

医疗器械固有质量特性首先是被设计出来的,风险管理活动对医疗器械设计和开发意义重大。风险管理输出是设计和开发输入的重要内容。设计和开发过程中,通过评审、验证、确认活动,不断识别设计和开发中的问题,不断通过包括风险控制措施在内的多项措施,保证医疗器械输出满足输入要求,保证规模化生产产品质量稳定,保证临床使用安全性与有效性,保证设计和开发更改持续受控。使用医疗器械一定有风险,风险管理报告为医疗器械风险与受益是否平衡、风险是否可接受提供重要依据。医疗器械安全有效基本要求清单是医疗器械安全有效证据的索引性文件。

企业应当针对具体医疗器械开展全面的风险管理策划活动,并按照 YY/T0316 相关要求,建立一项风险管理计划并形成文件。风险管理计划至少应包括:风险管理活动范围,适用于医疗器械生命周期的各个阶段;职责与权限分配;风险管理活动的评审要求;基于风险可接受方针制定的风险可接受准则,包括不能进行风险估计时的可接受准则;验证活动;相关生产和生产后信息的收集和评审有关的活动。风险管理计划可以在产品实现不同阶段分步制定、更改并实施。

企业应当建立并保持针对特定医疗器械的风险管理文档。风险管理文档应能提供对每项已判定危害进行风险分析、风险评价、风险控制措施的实施和验证、任何一个和多个剩余风险可接受性评定的所有历史的可追溯性。风险管理文档不需要包括质量管理体系中涉及的所有文件和记录,但是需要包括所有相关文件和记录的引用和提示信息。

风险管理是一项高度专业的技术性工作,企业应当组织专业人员来开展风险管理活动:如充分了解医疗器械的结构组成、型号规格区分、工作原理、作用机理(如有)、生产制造、临床使用及风险管理应用的有关人员。必要时,企业也可以外聘专业人员来完成相关工作。企业如果没有专业的团队,人员没有经过充分的培训,没有按照规定的流程、收集足够的信息,或者风险管理与产品实现全生命周期脱节,风险管理活动效率低下,其医疗器械的安全性和有效性是无法得到保证的。

■ 检查要点

1. 核实企业是否将风险管理活动完全整合进企业质量管理体系中。

2. 核实企业是否在包括设计和开发在内的产品实现全过程中制定风险管理要求并形成风险管理计划。

3. 核实企业是否按 YY0316 标准要求开展风险管理活动并将风险控制在可接受水平。

4. 核实企业是否针对具体医疗器械,建立和保持风险管理文档;核实风险管理文档内容是否系统、完整、可追溯;核实企业风险管理文档是否能为其医疗器械基本安全有效提供系统的支持证据。

5. 核实企业是否建立了对医疗器械进行风险管理的文件并保持相关记录,以确定实施的证据。

■ 检查方法

1. 查看企业质量手册、程序文件、职责与权限、文件管理等与风险管理可能相关部分体系文件,确认企业风险管理如何成为其质量管理体系的一个有机组成部分。如是否有风险管理过程图;最高管理者是否制定了风险管理可接受方针;风险管理人员的资质要求与职责是否予以确定;文件管理中是否涉及风险管理文档的相关规定;产品实现全过程中是否明确建立风险管理活动并形成文件的要求(建立风险管理程序、确定管理职责、指定人员资质、制定产品风险管理计划等);设计和开发程序及其相关文件是否明确风险管理输出是设计和开发输入的一部等。

2. 查看企业产品实现相关文件和记录,查看企业风险管理相关文件和记录,确认企业是否针对不同医疗器械制定具体风险管理计划;是否按 YY0316 标准要求开展风险管理活动;风险管理活动是否覆盖了包括设计和开发在内的产品实现全过程;是否保存了与风险管理相关的文件及其所有的记录(含产品上市后相关风险管理活动记录)。

3. 针对不同医疗器械特点,抽查企业具体医疗器械风险管理文档,确认是否针对每种医疗器械建立风险管理文档,文档内容是否系统、完整、可追溯要求。

4. 针对不同医疗器械的特点,查阅正在开发或已经完成开发的医疗器械设计和开发档案,查阅项目计划书、设计输入、输出、设计转换、验证、确认、评审、更改等相关技术文档、控制文件及其记录、注册/备案资料、生产许可/备案资料等,通过批准的项目计划书与实施结果、记录的比对,综合评价企业是否在设计的开发策划书中明确风险管理活动相关内容;确认设计和开发输入、输出、设计转换、评审、验证、确认、更改等活动应用风险管理结果的证据。

5. 针对不同医疗器械特点,抽查企业具体医疗器械风险管理文档,从风险控制部分寻找相关线索,确认企业将风险管理的结果应用于产品实现的全过程中的具体证据。查看医疗器械安全有效基本要求清单(如有),核对其具体支持文档是否与清单内容一一对应,是否实现可追溯。

三、注意事项

1. 设计与开发过程是产品实现过程的一个重要子过程,是将法律法规要求和顾客要求在产品设计中真正实现的关键环节,也是采购、生产和服务、监视和测量、安装与售后服务程序、规程、要求、接受准则等质量管理体系文件制定的依据与基准,承担着重要的承上启下的作用。设计与开发过程本身又分为输入、输出、设计转换、设计更改等不同阶段,每个阶段又有评审、验证与确认、风险管理等活动。上述阶段和活动环环相扣,具有系统的、严谨的内在联系。

2. 检查本章节内容既要注意寻找设计与开发过程本身每个阶段与活动的客观证据,也要注意其内在逻辑链条是否清晰、完整、互相支持,还要注意本章节与其他相关章节的相互印证与一致性。在检查具体条款内容时,可能调阅的文件和相关记录是相同的,都是有关设计和开发程序及其相关文件、具体医疗器械设计和开发相关文件和记录,但是应该特别注意的是每个条款强调的要点是不一样,检查时应注意紧扣要点。

3. 由于本章节条款内容具有高度的关联性,很容易导致一个条款不合格,相关条款都不合格的现象,因此检查员应仔细分辩是企业本章节质量管理体系文件编制和记录保存方面问题,还是企业实际开展了相关活动并保存了主要的、可能不够连贯的记录,"说"和"做"是否存在两层皮的问题。检查员应根据审核证据恰当地描述审核发现。

4. 检查本章节内容还要注意根据企业规模大小、设计与开发组织方式、沟通方式、开发产品技术复杂度、生产同类产品历史等综合因素评价设计与开发过程控制的适宜性与体系实施的有效性。

5. 企业设计和开发活动的频繁程度通常与企业新产品开发频度、已上市产品技术复杂度、成熟度、生产工艺成熟度、人员能力与培训等因素有关。若企业近期或近年未开发新产品,原产品持续生产历史较久,生产产品工艺成熟,则企业涉及的设计和开发活动可能不多,至多涉及生产转换和设计更改部分活动,可能仅需要验证,不需要开展确认活动。检查员应从多方面了解确认企业实际设计和开发活动的开展程度。企业应按规范要求建立设计和开发文件化的程序和规定,若产品已上市多年,无具体设计和开发活动,企业不需要补写已上市医疗器械设计和开发相关文件和记录。若有设计和开发的更改活动,则更改活动应符合第三十七条及相关条款适用部分。

6. 检查员在进行本章节规范核查时,重点是审核企业的设计和开发程序控制是否符合规范条款及其隐含的要求;企业的设计和开发活动是否按照其质量管理体系设定的程序和规定开展;是否按照规定对活动结果开展了必要的评审和批准;是否按规定形成并保存了相关文件和记录。检查员的核查重点应是企业质量管理体系是否符合规范要求而不是对产品设计的安全有效性结果本身进行评价,虽然两者之间存在紧密的联系。若确实发现产品设计的安全有效性结果证据不充分,开具不符合项又无处落笔,可以考虑用核查报告附件的形式提供给体系核查发起机构,供有关人员参考。

7. 企业质量管理体系现场核查或检查的目的不同,对本章的关注重点也应当有所不同。如果是医疗器械注册质量管理体系现场核查,则本章全部内容都应当是审核重点。所有注册资料内容均源于质量管理体系记录文件,但是注册申请不可能提交所有的质量管理体系文档,所以注册资料审核与现场审查应该是互为补充的,注册现场核查尤其应对未能上报的相关内容,特别是本章相关内容进行重点检查。若企业取得上市许可后,监管部门对企业进行监督检查,则检查员重点应当关注设计和开发输出的、经批准的产品规范是否在实际生产中得到严格遵守,是否有设计和开发更改、更改是否按规定进行控制并符合法规要求。

8. 在产品实现全过程中,企业可能开展了系列风险控制活动,但未必以风险管理的名义开展。现场检查时,应注意区分风险控制措施有效性、风险控制完整性与风险管理活动规范性间的关系。风险管理的最终目的是使医疗器械持续、稳定保持安全有效的质量特性。

 常见问题和案例分析

◎ 常见问题

1. 未开展开发设计和开发策划活动。虽然企业在设计和开发控制程序文件规定了对医疗器械的设计和开发过程实行策划和控制,但是在实际医疗器械设计和开发过程中,仅将与产品有关的要求(新产品项目开发计划书)进行简单评审确认和批准后,直接作为设计和开发输入,省略了新产品设计和开发策划环节。

2. 设计和开发输入对描述产品有关的所有要求和信息未转化为后续可验证的量化指标。设计和开发输入文件中有关产品的预期用途、性能和安全要求、法规要求、风险管理控制措施等描述粗略,不够明确,后续不能用客观方法进行验证。

3. 设计开发输入与输出脱节。设计和开发输出文件及相关记录不能提供足够的证据证明其输出满足了输入的要求。

4. 设计和开发输出与生产、检验相关的要求脱节。设计和开发输出文件及其记录与采购、生产和服务的依据、产品特性及接收准则间有严重不一致,企业未在设计和开发过程中开展有效的设计转换活动,或者产品设计和开发输出未能全部转化为受控的用于生产指导的产品规范,或者设计和开发更改活动未全部受控。

5. 未按规定开展设计与开发验证、评审活动。未对产品关键原材料和零部件的选择、生产工艺关键工序和特殊过程等内容进行评审;未对验证和确认方法的科学性、合理性、法规符合性进行评审确认,验证或确认方法不科学、不符合法规要求。如未按有效标准规定的方法开展生物相容性研究,未按规范要求对直接接触高风险产品的辅助用气进行微粒、微生物负载管理即开展样品生产。

6. 未按要求开展设计和开发确认活动。医疗器械临床评价未按规定要求开展;医疗器械临床试验未按照相关法规要求开展。

7. 未按要求开展设计和开发更改活动。设计和开发的更改活动未按规定程序开展,更改后直接进行生产;未按照法规要求进行变更备案/注册或生产许可/备案事项变更的,未按规定报告,未取得批准文件即组织生产。

8. 未按要求开展风险管理活动。质量管理体系中未有效整合风险管理相关活动;未在设计和开发阶段按要求开展风险管理活动;风险管理活动未涉及产品上市后临床安全有效性再评价等内容。

◎ 典型案例分析

【案例一】 A公司已专业生产电子胃镜或电子肠镜下用一次性使用活体取样钳8年,在国内占有一定的市场份额。公司已建立设计和开发控制程序,但之前未真正系统运行过设计和开发程序。1年前,公司决定开发电子胃镜下胆道用一次性使用取石网篮。由于该产品结构与企业已上市的取样钳的结构有部分相似,且国内已有多家企业生产。为尽快使新产品成功上市,企业成立了由总经理挂帅,技术、生产、质量等部门骨干人员组成的项目攻关小组,公司提供足够的资源,保障项目进度。项目攻关小组采购了市场上同类产品进行了研究分析,迅速拿出了本企业的一次性使用取石网篮技术要求文件。在采购部门和生产部门的配合下,企业很快生产出了样品,并送有资质的检测部门检测,同时着手整理和编制注册和质量管理体系核查所需的相关文件和记录(包括风险管理报告、产品技术要求、产品实现过程控制程序和采购接收准则等文件)。在其样品取得型式检测合格报告后,立即向企业所在地的省级监管部门申请注册。由于未按照设计和开发程序进行设计和开发,一次性使用取石网篮设计和开发相关文件和记录短缺。企业为了通过注册质量管理体系核查,安排人员集中补编了相关文件和记录。现场核查时,检查员发现这些临时编制的文件和记录内容自相矛盾,且与实际生产控制文件多处不一致。由于未认真开展设计和开发确认活动,企业不能解释网篮的规格尺寸等设计依据,设计和开发活动存在严重的质量管理缺陷。

分析:上述案例具有一定的典型性。企业建立了设计和开发控制程序,但并未真正设施,也未按照程序规定对设计和开发过程进行策划和控制。企业仅对市场同类产品进行了简单的仿制,未对产品实现全过程展开真正的风险管理。对产品安全有效性理解肤浅,产品基本安全有效清单要求提供的相关证据不充分、不系统、不完整,如果产品上市,产品设计缺陷将为临床使用留下隐患。若对照本章条款一一检查,会发现企业存在多个不符合条款,如未按规定对新产品设计和开发进行策划,确定开发阶段、评审、验证、确认和设计转换活动;设计输入信息不详细、不完整、不明确;未开展输入评审;未对验证、确认方法科学性进行评审;未按法规规定开展设计确认活动;验证证据不能证明输出满足输入要求;设计和开发过程形成的文件和记录不真实,与产品设计和开发实际不一致;生产转换活动未按规范要求开展,设计输出在成为最终产品规范前未进行充分验证,产品输出未包括生产过程控制相关内容,不能证明产品规范可以确保适用于规模化生产等等。

【案例二】 B公司是一家新开办的医疗器械生产企业,拟生产中频电疗仪,预期用途为配合专用电极,用于人体关节等部位的疼痛理疗。企业已完成了中频电疗仪的设计和样品生产。企业认为,此类产品有行业标准 YY0607-2007《医用电气设备第2-10部分:神经和肌肉刺激器安全专用要求》,也有中频电疗产品注册技术审查指导原则(2013年修订版),虽然产品未列入《免于进行临床试验的第二类医疗器械目录》中,但是市场上同类产品众多,不需要再开展临床试验,可以按照《医疗器械注册管理办法》第二十二条规定,通过同品种医疗器械临床试验或者临床使用获得的数据进行分析评价,证明本企业产品安全有效即可。企业选择已上市的其他企业的中频电疗仪,按照《医疗器械临床评价技术指导原则》附件 2 要求,完成了《申报产品与同品种医疗器械的对比》,结论是与同品种产品实质性等同,并据此完成了通过同品种医疗器械临床试验或临床使用获得数据进行分析后形成的临床评价报告,但是没有开展相关产品临床安全有效性文献研究。企业将此文件作为设计和开发确认结果。注册申报时,将此设计和开发确认的文件以临床评价报告的名义提交给了审批部门。

分析: 自《医疗器械监督管理条例》2014 年 6 月 1 日生效,条例配套规章《医疗器械注册管理办法》《医疗器械生产监督管理办法》等及规范性文件《免于进行临床试验的第二类医疗器械目录》《医疗器械临床评价技术指导原则》《医疗器械生产质量管理规范》等规范性文件 2014 年 10 月 1 日颁布以来,我国法规对企业实施医疗器械确认的要求比原规定有了更高、更具体的要求。

根据《医疗器械监督管理条例》第十九条规定,所有的医疗器械均应该开展适当的临床评价活动。依据《医疗器械生产质量管理规范》第三十五条要求,企业也应当在设计和开发过程中,开展确认活动,以确保产品满足规定的使用要求或者预期用途的要求。确认可以采用临床评价或者性能评价的方法。进行临床试验时应当符合医疗器械临床试验法规的要求。依据《医疗器械注册管理办法》《医疗器械临床评价技术指导原则》相关要求,临床评价包括通过临床文献资料、临床经验数据、临床试验等信息对产品是否满足使用要求或者适用范围进行确认的过程。而预期用途指对产品的适用范围(如适用人群、适用部位、与人体接触方式、适应证、疾病的程度和阶段、使用要求、使用环境等)、使用方法、禁忌证、防范措施、警告等临床使用信息的总称。从上述要求可以看出,无论是临床评价还是性能评价,都是一项系统的、专业要求较高的活动,需要专业的团队和足够的资源、需要对确认活动按设计需要和法规要求进行策划并有序开展。既使不需要开展临床试验,也应当系统收集有关医疗器械临床安全性、有效性的全部信息,并通过评审、风险管理等方式对相关风险进行控制,最终使风险可达到可接受水平。

由于医疗器械临床试验费时费力费财,新法规对临床评价要求也较高,对企业的相关能力要求大幅提升,企业普遍不能适应。不少企业不愿意按新法规规定开展相关临床评价(包括临床试验活动),仍希望通过实质性等同等途径提交简单对比材料即完成确认工作,以"先申请,发补后再整改"的心态来对待设计确认和临床评价。本案例中,企业没有按《医疗器械临床评价技术指导原则》要求开展临床评价,特别是没有开展"申报产品临床文献和数据收集分析"相关活动。检查员质量体系现场核查一般不对企业设计确认内容是否符合法规要求进行确认,但是检查员可以就企业是否按规定(包括企业规定和法规规定)开展确认活动提出审核意见。本案例中,检查员对设计确认的审核发现不应当描述为"查阅中频电疗仪设计和开发确认相关文档及记录,中频电疗仪临床评价报告内容不符合要求",但可以陈述为"查阅中频电疗仪设计和开发确认相关文档及记录,中频电疗仪临床评价未按设计和开发程序中有关规定和《医疗器械临床评价技术指导原则》有关要求开展中频电疗仪临床文献和数据收集工作"。

四、思考题

1. 设计和开发过程与产品实现过程的关系?
2. 设计和开发过程通常包括哪些阶段与活动?
3. 设计和开发输入重点应考虑哪些方面要求?
4. 生产转换活动宜在哪个阶段进行?
5. 什么是验证与确认? 设计和开发验证与确认有什么区别与联系?
6. 风险管理在设计与开发过程中起到什么样的作用?

参考文献

[1] GB/T 19000-2008/ISO9000:2005 质量管理体系 基础与术语[S]. 2008.

[2] YY/T 0287-2003/ISO13485:2003 医疗器械 质量管理体系 用于法规的要求[S]. 2003.

[3] YY/T 0595-2006/ISO/TR14969:2004 医疗器械 质量管理体系 YY/T 0287-2003 应用指南[S]. 2006.

[4] FDA. Quality System Regulation. CFR 21, Part820 [R] 2009 revised.

[5] YY/T0316-2008/ISO14971:2007 医疗器械 风险管理对医疗器械的应用[S]. 2008.

(李新天)

第七章

采　购

一、概述

本章的设立旨在对企业的采购过程提出建立质量管理体系的要求,从采购物品的质量标准、分类分级、供应商管理、采购信息、进货检验、采购记录及可追溯性等方面提出了要求。

在产品实现的过程中,企业需要实施物料采购,包括材料、部件、半成品及相关服务。医疗器械产品的很多重要功能或性能,都是由采购物料本身的特性和品质决定的,它关系到产品使用的安全性和有效性。在产品实现过程中采购是一项重要的活动,采购过程控制是医疗器械生产管理管理体系的重要环节。

本章共设立了 6 个条款,从采购过程控制、物料分类分级管理和供应商等方面提出了要求。第三十九条是对建立采购控制程序的要求;第四十条是对物料分类分级的要求;第四十一条是对供应商审核的要求;第四十二条是对质量协议的要求;第四十三条是对采购信息、采购记录及其可追溯性的要求;第四十四条是对进货检验的要求。采购过程中物料的分类分级和基于物料分类分级的供应商管理是采购过程控制的核心,采购过程、采购合同、采购信息和进货检验的控制是四个重点,也是检查员的重要关注点。

二、条款检查指南

第三十九条　企业应当建立采购控制程序,确保采购物品符合规定要求,且不低于法律法规的相关规定和国家强制性标准的相关要求。

■ **条款解读**

本条款要求企业对采购活动建立采购控制程序,同时提出了对采购物品建立质量标准的要求。

企业的生产组织离不开采购活动,产品的生产质量控制也离不开采购过程控制。采购包括原材料、零件和部件的采购,也包括外协加工、外包过程及服务的采购,如某些特殊工艺的外委加工、无菌医疗器械的灭菌过程、产品设计开发外包等。

采购控制程序一般应包括以下方面的内容:

(1) 企业采购作业流程。

(2) 采购物品的分类分级管理,以及对不同的采购物品规定了不同的控制方式。

(3) 对采购文件的制定、评审、批准的明确规定。

(4) 对合格供应商的选择、评价和再评价的规定。

(5) 对采购产品的符合性的验证方法的规定。

(6) 采购过程记录及其保持的规定。

企业的采购物品及服务涉及广泛,不可能对每一种采购均采取同样的控制程度及模式。采购过程控制的核心是根据采购物品对最终产品的影响程度,对物品及供应商的进行分类分级,并采取适宜有效的控制模式。

为了保障采购物品的质量,企业应对采购物品建立质量标准和技术要求,并在采购、签订合同、进货验收等环节得到统一落实。质量标准来源于产品设计开发和工艺设计的需求,但是不能低于法律法规的相关规定和国家强制性标准的相关要求。为了制订采购物品的技术要求,企业可参考适用的技术信息,如国家和国际标准,公认的试验方法等。

■ **检查要点**

1. 检查企业是否建立了采购控制程序,程序文件是否包括采购流程、合格供应商的选择、评价和再评价规定、采购物品检验或验证的要求、采购记录的要求。

2. 检查企业是否建立了采购物料的物料标准或技术要求;相关要求是否清晰明确,且不低于法律法规的相关规定和国家强制性标准的相关要求。

3. 采购物品的流程及记录是否符合采购控制程序的要求。

■ **检查方法**

1. 查《采购控制程序》,并在检查现场与采购部门负责人及采购人员交流沟通采购过程的实际流程及相关要求;核查《采购控制程序》是否包括了条款要求的相关要素。

2. 与采购部门或技术部门沟通企业是否建立了采购物料的物料标准和(或)技术要求;结合《采购物料清单》或《原材料清单》,抽查采购物品的物料标准。

3. 抽查物品的采购计划、采购申请单等采购过程记录,结合文件要求和记录内容与采购人员交流沟通,核查采购物品的流程及相关采购环节的批准签字与《采购控制程序》的符合性,核查采购流程是否与企业实际采购业务流程的一致。

4. 在第六章采购相关条款的检查过程中,对于采购相关记录的检查抽样应侧重抽查关键物料并可考虑以下因素:

(1) 对于零部件属于医疗器械产品的,可关注该产品是否有《医疗器械产品注册证》,如理疗器械配套使用电极片、X 射线机的球管、齿科合金和瓷粉、注射针等。

(2) 对于无菌或植入性等有生物性相容性要求的产品,可关注采购物料的材质,可查供应商或第三方的检测报告等证明文件。

(3) 可关注《医疗器械产品注册证》及其附件中所明确的产品部件及材料。

(4) 可关注非标准化的企业自行设计的原料或部件,如仪器外壳等。

(5) 可关注不同控制方式的供应商及相关服务类供应商,如灭菌服务供应商、编写仪器内部软件的供应商、产品研发的供应商等。

> **第四十条** 企业应当根据采购物品对产品的影响,确定对采购物品实行控制的方式和程度。

■ 条款解读

本条款提出了对采购物品实施分类分级管理的要求,这既是对采购物品质量根据风险大小的针对性管理的需要,也是企业提高管理能力、合理节约成本的需要。企业应针对所采购的产品和提供该产品的供应商的控制类型、方式和程度,取决采购的产品对随后的产品实现过程及最终产品(即成品)的影响方式和程度。

一个医疗器械产品由众多的材料或零部件组成,包括主要原材料,也包括辅助材料。如何对采购物品开展分类分级,目前没有统一的标准和要求,需要企业自行评判。在产品的设计开发输出时,企业应当以质量为中心,并根据采购物品对产品的影响程度,建立物料分类分级的原则,然后对每一个物料的类别和级别进行评判。

企业应一般应形成《采购物品清单》(或《物料分类明细表》)和采购物品技术要求,一般应包含产品名称、规格型号、分类等级、技术指标或质量要求等内容。这些信息在产品的设计开发阶段由技术研发部门输出,在设计转移阶段到生产采购部门。

常见的采购物料分级为"A、B、C"三级,分别表示关键物料、重要物料和辅助物料。关键物料指对形成最终产品主要功能或构成产品关键性能指标和重要安全性指标起决定作用的材料、器件等,通常关键物料数量较少,应采取充分和严格的控制方法。重要物料指对实现产品功能、性能和安全性指标起作用的材料、器件,在全部物料中所占比例较大,可采用常规控制方法加以控制。一般物料指对产品功能、性能和安全性指标无影响,或生产过程所用的辅助性物料,由于风险较小,可以采用较为宽松的控制方式加以控制。

采购物料分类管理应当考虑以下因素:采购物料是标准件或是定制件;采购物料生产工艺的复杂程度;采购物料对产品质量安全的影响程度;采购物料是供应商首次或是持续为医疗器械生产企业生产的。对于采购物料的分类管理还应考虑到企业的规模及供应商控制能力、采购物料生产工艺的复杂程度、采购物料的生产环境、新老供应商及供应商持续供货能力等因素。同一产品,不同的生产企业可能会有不同的分级方式,如分成"A、B、C"三级或"A、B、C、D"四级。

■ 检查要点

1. 检查《采购控制程序》或相关文件是否明确了采购物料的分类分级原则,是否明确了采购物料实施控制方式和程度。

2. 检查《采购物料清单》或《物料分类明细表》是否涵盖了该产品所涉及的全部原材料、零部件、辅料,是否分类分级明确、合理。

3. 检查企业是否结合采购物料分类实际做到了对物料实施分类和分级管理。

■ 检查方法和技巧

对本条款的检查既要查相关文件,也要查相关记录,必要时与企业采购管理人员交谈和检查现场。

1. 查《采购控制程序》《供应商审计制度》等相关文件,核查是否明确了物料分类分级的原则;查《采购物料清单》或《物料分类明细表》,核查是否按照程序文件的要求明确了分类分级;查《合格供应商名录》,核查企业是否结合采购物料分类对供应商实施分类和分级管理。

2. 审阅产品技术要求等相关技术资料,并与企业产品研发人员和物料采购人员沟通交流,评价判断企业对物料的分类分级是否合理,核实控制方式和程度能够满足产品要求。

3. 查库房,是否按照制度要求对各类物料进行分类分区管理,标识清晰明确。

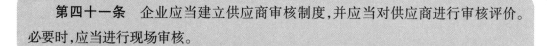

> **第四十一条** 企业应当建立供应商审核制度,并应当对供应商进行审核评价。必要时,应当进行现场审核。

■ **条款解读**

本条款明确提出了企业建立供应商审核制度的要求,并按照审核制度要对供应商进行控制管理,开展审核、评价和再评价工作,必要时,应当进行现场审核,以确保采购物料的质量。在本条款的理解上,可参考国家食品药品监督管理总局发布的《关于医疗器械生产企业供应商审核指南的通告》(2015 年 1 号)文件要求。

1. 供应商是指向医疗器械生产企业提供其生产所需物料(包括服务)的企业或单位。对供应商的管理主要取决于采购物料对最终产品的影响程度。对供应商的控制是一个过程,它由确定准则、评价、选择和连续地监督供应商构成。评价和选择供应商的过程应与采购产品或服务相适应,应针对不同类型的供应商采取不同的控制方法或选择不同的具有针对性的侧重点。过程的应用应与采购产品或服务相称。如:对提供灭菌服务的供应商,或为企业的提供所要求材料、加工零件的供应商,或提供标准零件或器件的供应商的选择和评价过程是不同的。

针对下列不同的情况,对供应商的评价、选择和控制的过程可以有所不同,包括以下情况:提供标准化物料的的供应商,如标准化的电阻、电容元器件的制造商;提供现货供应组件(外协加工)的供应商,如注射针不锈钢管的供应商;按企业的要求提供材料的供应商,如无菌医疗器械初包装袋的供应商;外包服务的供应商,如辐照灭菌、冷链运输服务的供应商;材料零售或经销商供应商,如不锈钢棒材的经销商;原始制造商(OEM),如医疗器械委托生产的受托方。对他们的选择和评价过程是不同的。

2. 生产企业应确定对供应商评价准入的要求,并保存相关记录。生产企业应当根据对采购物料的要求,包括采购物料类别、验收准则、规格型号、规程、图样、采购数量等,制定相应的供应商准入要求,对供应商经营状况、生产能力、质量管理体系、产品质量、供货期等相关内容进行审核并保持记录。必要时应当对供应商开展现场审核,或进行产品小试样的生产验证和评价,以确保采购物料符合要求。供应商的评价可以采用以下的一种或几种方式进行:

(1) 文件审核,收集查证供应商的相关资质资料及参考历史数据,包括:供应商资质,企业营业执照、合法的生产经营证明文件等;供应商的质量管理体系相关文件;采购物品生产工艺说明;采购物品性能、规格型号、安全性评估材料、企业自检报告或有资质检验机构出具的有效检验报告。其他可以在合同中规定的文件和资料等。

（2）对其提供的产品或服务的样品试验，这是最常采用的方式之一，对关键物料和重要物料，应尽量采用这一方式以确保原材料性能符合企业的技术要求。

（3）对采购物品开展进货查验，生产企业按照规定要求进行进货查验，要求供应商按供货批次提供有效检验报告或其他质量合格证明文件。进货查验的项目和频次可根据采购物品分类分级的情况而定。

（4）评审第三方的测试或评价报告，对于企业不具备测试能力或者供应商已进行过的具有代表性的评价项目，可以通过评审第三方的测试或评价报告的方式进行。

（5）历史资料的评审，对于已经或曾经是合格供应商的供应商，评审过去的业绩记录可作为评价方法之一。

（6）供应商质量管理体系的第三方的认证情况，对于关键物料和部分重要物料，除对物料品质需要加以控制外还需要对供应商的过程加以控制，了解供应商质量管理体系的第三方的认证情况是一个重要手段。

（7）企业对供应商的质量管理体系的审核，如供应商未申请第三方认证，或需要对供应商的某些过程进行重点评价时，可以由企业或委托第二方对供应商的质量管理体系进行审核。

（8）必要时，可开展现场审核。生产企业应当建立现场审核要点及审核原则，对供应商的生产环境、工艺流程、生产过程、质量管理、储存运输条件等可能影响采购物料质量安全的因素进行审核。应当特别关注供应商提供的检验能力是否满足要求，以及是否能保证供应物料持续符合要求。

无论采用何种评价方法，企业均要通过提供客观证据来证明其已对所采购的产品或外包过程进行了控制，对供应商的选择是以对要采购的产品或服务进行适当的评估和供应商具有使组织满足与医疗器械相关的顾客和法规的要求的能力为基础。

3. 生产企业应当建立评估制度。应当对供应商定期进行综合评价，回顾分析其供应物料的质量、技术水平、交货能力等，并形成供应商定期审核报告，作为生产企业质量管理体系年度自查报告的必要资料。经评估发现供应商存在重大缺陷可能影响采购物料质量时，应当中止采购，及时分析已使用的采购物料对产品带来的风险，并采取相应措施。

采购物料的生产条件、规格型号、图样、生产工艺、质量标准和检验方法等可能影响质量的关键因素发生重大改变时，生产企业应当要求供应商提前告知上述变更，并对供应商进行重新评估，必要时对其进行现场审核。

■ **检查要点**

1. 检查供应商审核制度，在该制度中是否明确供应商的选择、评价和再价的准则和方法,以及建立供应商档案的要求。

2. 检查企业是否保存对供应商评价的结果和评价过程的记录。

3. 生产企业应当根据定制件的要求和特点,对供应商的生产过程和质量控制情况开展现场审核。

■ **检查方法**

1. 查《采购控制程序》和(或)《供应商审核制度》,核查是否明确供应商的选择、评价和再价的准则和方法。与采购人员交谈,了解企业供应商管理的情况,评价供应商管理的方法及考核评价标准的适宜性。

有些企业并未建立单独的《供应商审核制度》,而是将相关要求一并体现在采购过程控制程序中,在检查过程中应重点关注供应商的相关管理制度是否明确、具体、可操作。

2. 结合《采购物料清单》和《合格供应商名录》,抽查不同控制方式和程度的供应商审核记录,核查供应商的选择、评价、再评价等记录是否符合文件要求。核对合格供应商的准入是否经过指定人员签字批准。

3. 采购物品如对洁净级别有要求的,应当要求供应商提供其生产条件洁净级别的证明文件,并对供应商的相关条件和要求进行现场审核。

4. 对提供灭菌服务的供应商,应当审核其资格证明和运营能力,并开展现场审核。

5. 对提供计量、清洁、运输等服务的供应商,应当审核其资格证明和运营能力,必要时开展现场审核。

6. 在与提供服务的供应商签订的供应合同或协议中,应当明确供应商应配合购方要求提供相应记录,如灭菌时间、温度、强度记录等。有特殊储存条件要求的,应当提供运输过程储存条件记录。

第四十二条 企业应当与主要原材料供应商签订质量协议,明确双方所承担的质量责任。

■ **条款解读**

本条款明确提出了企业应当与主要原材料供应商签订质量协议的要求,明确双方所承担的质量责任。

质量协议属于采购信息的一部分,生产企业应当与主要供应商签订质量协议,规定采购物品的技术要求、质量要求等内容,明确双方所承担的质量责任。企业一般应与主要原材料的供应商、外协加工的供应商、涉及灭菌等特殊过程服务的供应商签订质量协议。

质量协议的内容应包括物料的技术标准和验收要求,必要时还应包括对生产工艺的要求及工艺确认的要求。质量协议的内容应符合采购物品技术要求,质量协议的形式可是多样的,企业可单独签订质量协议,也可在签订采购合同等文件中体现相关内容。

■ 检查要点

1. 结合产品采购清单,检查企业是否与主要原材料供应商的质量协议。

2. 检查质量协议是否明确双方对采购物料的质量责任和义务,包括采购物料的技术指标、图纸(如有)、接受准则、生产环境要求(如有)及质量责任等内容。

■ 检查方法

1. 抽查采购物品的采购合同及质量协议,关注其技术指标、图纸等内容应与企业研发技术部门形成的技术要求保持一致。

2. 本条款可结合第四十三条采购信息相关要求一并检查。

> **第四十三条**　采购时应当明确采购信息,清晰表述采购要求,包括采购物品类别、验收准则、规格型号、规程、图样等内容。
>
> 应当建立采购记录,包括采购合同、原材料清单、供应商资质证明文件、质量标准、检验报告及验收标准等。
>
> 采购记录应当满足可追溯要求。

■ 条款解读

本条款提出了对采购信息及采购记录的具体要求。第一款是采购信息应当涵盖的主要内容,第二款是采购记录应涵盖的主要内容,第三款强调采购记录的可追溯性。

1. 采购信息

企业的采购信息应当规定恰当的要求,并与供应商沟通,以确保所采购的产品或服务包括外包过程的质量。采购信息应明确表述拟采购产品的有关要求,一般包括采购物品类别、验收准则、规格型号、规程、图样等内容,是采购过程中必须重视的又一重点。

采购信息可包含但不限于如下信息:

(1)技术规范,技术规范应当规定任何能够对医疗器械的预期用途或安全性和有效性有重要影响的采购材料的贮存或运输的特殊条件。

（2）相关资料，企业可参考适用的技术信息，如国家或国际标准和试验方法等。另一种方法是在采购订单中，向供应商清晰、准确的阐明信息。为防止采购不正确的材料，应当明确评审和批准采购数据的责任人。在采购数据中参考文件的版本状态应当予以识别，以确保采购正确的材料。

（3）试验和接收要求，技术信息中的部分性能指标是必须限定在某一种试验方法的条件下的。此外，对于非关键原材料或非关键指标，也是允许设定接收限的。

（4）环境要求，当供应商要在受控的环境区域内完成清洁操作，应当考虑有一个规定企业和供应商职责限度的书面合同，以使产品不被清洁剂或员工污染或由于疏忽导致的未被清洁。这份合同应当规定形成文件的、详细的清洁程序以及进行清洁工作人员的培训。例如，无菌医疗器械的重要零、组件及无菌初包装的生产需要在相应级别的洁净环境内生产。

（5）法规要求，当行业监管法规或强制性标准对某些原材料有特殊要求时，应明确法规的具体要求，并且《医疗器械生产质量管理规范》明确规定，"当采购产品有法律、行政法规和国家强制性标准要求时，采购产品的要求不得低于法律、行政法规的规定和国家强制性标准的要求"。例如，注射器配套使用的注射针的采购要求应包括供应商应具有注射针的医疗器械注册证，并且注射针应符合 GB 15811-2001《一次性使用无菌注射针》标准要求。

（6）认证要求，对供应商制造过程有效性和稳定性有要求时，可提出认证或现场审核要求。

（7）特殊的提示，如需要供应商提供可追溯性信息时，应明确供应商保持可追溯性记录的范围和程度。也就是当评价可追溯性要求时，要考虑到什么样的采购信息和记录需要保持以便于追溯。例如：若定购的采购部件所依据的规范版本很重要，则应当将这样的信息作为采购文件或记录的一部分加以保持。

采购信息的程度或特性应当取决于所采购的产品或服务对医疗器械的影响，如在风险管理活动中确定。

采购信息一般体现在采购文件和资料中，如采购计划、采购清单、采购合同或协议等。而采购信息中有关采购内容的表述均来自设计输出和产品实现的策划。因此，采购要求在产品实现过程的不同阶段，可以体现在不同的文件当中，其详略程度和形式也有所不同。

企业对原材料的要求在产品实现的不同阶段有不同的要求，通常分为三种情况：

（1）原材料的技术要求。在设计输出阶段，研发人员根据产品要求确定出原材料的技术要求，技术要求可以确保原材料的性能符合产品要求。技术要求应该是具体的、明确的。

（2）原材料的采购要求。在产品实现的策划阶段（包含设计转化阶段），技术人员和采购人员共同验证设计输出阶段确定的原材料的可获得性。此时，由于涉及供应商的选择，因此采购要求可以被转化成某种公知的信息或双方认可的型号规格。

(3) 原材料的验收要求。在原材料的采购阶段,质检人员会在原材料的技术要求中选择确定一些关键指标,作为进货验收的要求,以此作为每批原料接收的准则。

2. 采购记录

采购记录是采购过程相关活动的证据,也是采购物品质量控制和采购过程追溯的保障。采购记录一般包括采购计划、采购合同、原材料清单、供应商资质证明文件、质量标准、检验报告及验收标准等。

采购控制需要控制到什么程度,应该是产品风险分析后决定的。如需要对采购的产品追溯,企业应明确所要求的可追溯性的范围,采购文件和记录应有必要予以规定和保持。这意味着评价可追溯性要求时,要考虑到什么样的采购信息和记录需要保持以便于追溯。如:知道订购的部件依据的是什么版本的技术规范是很重要的,应将这样的信息作为采购文件或记录的一部分加以保持。

对于采购物品的追溯范围和程度一般应与物料的分类分级管理相结合,对于关键物料可追溯到物料批次或个体编号。

■ 检查要点

1. 检查企业是否明确采购物料的采购信息,在采购信息中对采购要求的表述是否清晰、完整,包括采购物品类别、验收准则、规格型号、规程、图样等内容。

2. 检查企业是否建立完整的采购记录,内容包括采购合同、原材料清单、供应商资质证明文件、质量标准、检验报告及验收标准等。

3. 检查企业采购记录是否满足可追溯要求。

■ 检查方法和技巧

1. 关注质量协议的技术指标、图纸等内容应与企业研发技术部门形成的技术要求保持一致。

2. 本条款采购信息的要求可结合第三十九条采购物品的标准的相关要求一并检查。本条款采购记录追溯性可结合第五十三条产品追溯相关要求一并检查。

3. 抽查采购记录,应完整且可实现追溯。一般追溯途径为选定一批关键物料,从其采购申请单、购货发票或送货单、物料到货验收单、入库单、原材料进货检验记录、领料单、生产记录、销售记录等,同时可选择一个环节的记录逆向追溯到采购申请单。

第四十四条 企业应当对采购物品进行检验或者验证,确保满足生产要求。

■ **条款解读**

本条款是对采购物品检验或者验证的要求。企业应建立采购物品进货检验或验收的程序并认真实施,以确保采购物品的质量。

对供应商提供的产品(或服务)是否符合确定的质量的要求,一般可以用检验的方法来证实。但并非适用于所有的产品,这时,就需要采用其他验证方法。

如果企业声称所采购产品符合供应商的技术要求,企业就应当确认该采购产品是否满足所生产医疗器械的技术要求,并经双方协商同意。企业可通过各种方法完成这样的确认,例如对采购物品开展进货检验、接受第三方的检测报告、评估供应商的证明资料等,这主要取决于采购物品的重要程度、供应商的质量情况和企业对供应商的控制方式。无论采取何种方式,企业均应形成书面程序,明确对采购物品控制的职责、要求及程序以确保采购物品满足规范的要求。

若采取产品检验的方式,企业应根据物料的质量标准制定相应的检验规程,规程应明确检验项目、检验标准、操作方法、设备工具、检验比例、判定准则及检验记录的要求等内容,且检验规程应具有指导性和可操作性。

若采取验证的方式,企业可委托第三方公司对物料进行批批检测或跳批检测;也可要求供应商提供证明资料,包括供应商提供符合规范要求的检测报告及相关证明资料。检验和验证后的接受(或不接受)的记录和以往所接受的检验数据的分析,都应该保存,这些数据也是下次重新评价供方的输入和重新确定接受方式的判定依据。

程序也应当规定验证进货产品所要求随附的支持性文件(如合格证、可接收的试验报告等)。例如,动物源性原材料应当按照《医疗器械生产企业供应商审核指南》(总局通告2015年第1号)的要求审核相关资格证明、动物检疫合格证、动物防疫合格证、执行的检疫标准等资料,必要时对饲养条件、饲料、储存运输及可能感染病毒和传染性病原体控制情况等进行延伸考察。

应规定在出现不合格时所采取的处置措施,以便不合格品能及时地、以统一的方式得以处置(包括标志、隔离和形成文件)。以往所接收产品的检验信息的分析,现场拒收历史或顾客的抱怨都将会影响企业关于所要求的检验数量的决定和重新评价一个供应商的必要性。

■ **检查要点**

1. 检查企业是否根据生产产品及采购物品的要求制定了采购物料的进货检验或验证的规定,关注进货检验方法的科学性和合理性。

2. 企业制定的相关规定是否明确了检验或验证的项目、检验或验证方法、抽样方法、判定准则及记录等方面的要求。

3. 企业是否按照规定的要求实施了采购物品的检验或验证活动。

■ 检查方法

1. 查进货检验或验证相关工作制度,与检验人员沟通,了解企业采购物品控制的方式。

2. 结合物料分级及供方管理,抽查主要原材料及不同控制方式供应商的检验或验证记录。

3. 对于有生物学评价的,应检查采购物品与生物学评价的材料一致。

4. 对于对生产环境有要求的采购物料,应关注其生产环境及相关证明资质。

5. 对于此条款的检查,可结合本规范第五十八条的内容。

三、注意事项

在第六章的检查过程中,应关注国家食品药品监督管理总局对相关产品的文件要求,例如:《国家食品药品监督管理局办公室关于进一步明确定制式义齿原材料及产品标准实施要求的通知》(食药监办械〔2012〕101 号)、《国家食品药品监督管理总局关于发布医疗器械生产企业供应商审核指南的通告》(2015 年第 1 号)、《国家食品药品监督管理总局关于生产一次性使用无菌注、输器具产品有关事项的通告》(2015 年第 71 号)。另外总局近年发布了相关产品注册技术审评指南,在部分指南中对采购物品提出了具体要求,在审核本章部分时也应关注考虑。

 常见问题和案例分析

◎ 常见问题

1. 采购控制程序对采购流程的控制与企业实际的采购流程不一致。

2. 采购物料清单与研发部门提供的原材料清单不一致。

3. 采购物料清单未包含所有物料。

4. 物料分级的标准不明确。

5. 物料分级不科学,未将影响产品质量的重要物料列为关键物料。

6. 合格供应商的管理未与物料分级相互联系。

7. 未保留供应商选择、评价和再评价的记录。

8. 对供应商评价和再评价的内容与制度要求不符。

9. 合同或质量协议中对物料的质量标准与研发部门的物料标准不一致。

10. 进货检验未按照进货检验规程执行。

◎ 案例分析

【案例一】 某企业采购部门采购清单上的 A 物料型号为 1 型。检查员抽查 A 物料的采购记录,发现记录上的 A 物料为 2 型号。采购部门员工解释说,供应商已经不生产 A 物料的 1 型,改为生产 2 型了,实际上 2 型比 1 型还好,能够满足产品需求。

分析: 采购部门应严格执行采购物料的标准要求,包括采购物料的型号。即便不同的型号都能满足产品需求,也不能擅自更改。采购物料的标准来源于产品的设计开发,物料标准的更改应经过研发部门的评价。对于此种情况,检查员还应进一步询问,这种采购标准的更改是否经过了研发部门的评价,是否能够提供相关记录。

【案例二】 某公司 A 物料的进货检验规程要求检查两个检验项目,并要求对物料按 10% 进行抽检。检查员抽查 A 物料的进货检验记录,发现记录上除了规程中要求的两个检验项目之外还多记录了一个检查项目,同时对该批次的 30 个进货产品进行了全检。检验员对此解释说,该批次物料进货较少,工作量不大,就没有抽检,而是进行了全检。多了一个检查项目是因为前两个批次的产品出现了一些问题,检查员为了保障物料质量,就在本批次产品多检查了一个项目。

分析: 检验员应严格执行进货检验规程的要求,包括检查项目和抽检比例。本案例中的检验员进行了批次全检,虽然检验比列相对于规程而言提高了,却没有严格执行进货检验规程。对于多记录的检验项目,也是不符合进货检验规程的。若在产品的日常生产中,发现一个物料出现问题的概率较大,可执行预防措施,经过生产、质量和研发等部门的评价后,如觉得有必要增加该物料的进货检验项目,则应首先修改进货检验规程。

【案例三】 某公司的产品为无菌疗器械,产品的 A 部件为注塑件。公司与 X

公司签署了委托加工协议,委托该公司加工A部件。采购了一段时间后,发现产品的初始污染菌数有上升的趋势,并且A部件每批次产品之间的差异较大,有部分批次的废品率较大。经调查发现,X公司未在相应的洁净级别下进行注塑,A物料的初始污染菌较高导致了最终产品的初始污染菌也较高;另外,X公司未对注塑工艺进行工艺验证,也未建立注塑工序的作业指导书,每次注塑的参数由工人凭借经验输入。询问采购员,采购员说就是按照技术部给的图纸找公司外协加工,只关注了部件的外形尺寸,认为X公司能加工出来A部件就可以了,未考虑其他因素。

分析:该公司的注塑工艺外委,但是未根据A部件的技术要求,对供应商的生产环境、生产工艺、质量管理体系进行确认、评价,也未能签署相关的采购协议和质量协议。应要求X公司在相应的洁净级别下进行注塑,进行工艺确认,确定工艺参数,并形成工艺文件,保存记录工艺参数;且应与X公司签署采购协议和质量协议,明确相关要求。

四、思考题

1. 某公司生产家用制氧机,将物料分为二级管理,即关键、一般;同时将外协加工的机器外壳列为一般物料。另外一家生产家用制氧机的企业,将物料分为三级管理,即关键、重要、一般,同时将外协加工的机器外壳列为重要物料。两家公司的做法哪家比较好? 为什么?

2. 企业签订采购合同时,有些供应商会要求用固定的合同模板,这种情况下如何保障企业的采购信息能够得到有效的体现?

参考文献

[1] GB/T 19000-2008/ISO9000:2005 质量管理体系 基础与术语[S]. 2008.

[2] YY/T 0287-2003/ISO13485:2003 医疗器械 质量管理体系 用于法规的要求[S]. 2003.

[3] YY/T 0595-2006/ISO/TR14969:2004 医疗器械 质量管理体系 YY/T 0287-2003 应用指南[S]. 2006.

[4] FDA. Quality System Regulation. CFR 21, Part820 [R]2009 revised.

[5] YY/T0316-2008/ISO14971:2007 医疗器械 风险管理对医疗器械的应用[S]. 2008.

[6] 中华人民共和国国务院. 医疗器械监督管理条例[R]. 2014.3. 国务院第 650 号令.

（王　辉）

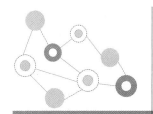

第八章

生 产 管 理

一、概述

产品的质量是通过设计、采购、生产等过程形成的。其中,生产过程是产品质量形成的重要阶段,因此生产企业应当策划并在受控的条件下进行生产,确保生产出来的产品符合强制性标准和经注册或备案的产品技术要求。

受控条件包括对人、机、料、法、环的控制,确保生产出来的产品符合强制性标准和经注册或备案的产品技术要求。人机料法环是质量管理理论中的五个影响产品质量的主要因素简称,人是指与产品相关的人的原因,包括操作者、检验员身体状况、技术水平、工作责任心等。生产人员对待工作的态度、技术水平、对产品质量的理解都会对最终产品产生一定的影响,因此必须通过培训提高员工的技术水平和质量意识,特别是对产品质量形成有重要影响的关键过程和特殊过程岗位操作人员应制订相应的培训计划,保持培训的实施记录;机就是指生产过程中使用的设备、工装等辅助生产用具,生产中设备、工装的精度是否满足生产工艺的要求,是否能正常运行都是影响生产进度、产品质量的又一重要因素;料是指原料、配件、半成品等物料的质量情况,对物料的控制包括制定物料的质量标准、选择合格的供方、对物料进行进货检验等;法顾名思义,法则,指生产过程中所需遵循的程序、标准、图纸、工艺文件、作业指导书、各类操作规程、检验规范等,严格按规程作业是保证产品质量必须条件;环是指产品制造过程中所处的环境,照明、噪声、振动、温度、湿度、洁净度等,有些产品如无菌医疗器械,其生产环境是影响最终产品生物性能的主要因素之一。

五大因素中:"人"按本规范的第二章的要求进行控制,"机"按本规范的第三章要求进行控制,"料"按本规范的第七章的要求进行控制。本章节共有11个条款,主要是对"法"和"环"提出了控制要求,包括编制产品的生产工艺文件、有效识别关键过程和特殊过程、产品的清洁处理要求、生产环境的监控、特殊过程的确认、批生产记录、产品的标识、状态的标识和可追溯性要求、产品说明书、标签、产品的防护等过程提出了相应的控制要求。

生产工艺文件是长期生产和科学实验总结出来的经验,是结合具体产品和生产条件而制定的,并通过生产实践不断改进和完善。生产工艺文件的制定有利于保证产品质量,生产工艺文件是一切生产人员都应该严格执行、认真贯彻的技术性文件,是企业生产过程的"法",生产人员不得违反工艺要求或任意改变生产工艺所规定的内容,否则就会影响产品质量;关键工序是会对产品质量和产品性能起决定性作用的工序,企业应通过工序后设置检验点来严把关键工序的有效实施;特殊过程是指通过检验和试验难以准确评估其质量的过程,企业应对这样的过程进行 IQ、OQ、PQ 确认,通过对过程的确认来确保结果符合规范的要求。对有些产品来说,清洁是至关重要的,这样的清洁过程是需要确认和验证,以保证清洁符合要求。对生产环境的要求,规范的三个附件(无菌、植入和体外诊断试剂)都给出了明确的要求,批生产记录是根据产品主文档来设计,是为了证明器械的生产过程符合产品的主文档的要求。对医疗器械来说,标识和可追溯性是非常重要的,产品所使用的原材料是否是原注册的原材料,是否符合法规要求,需要通过追溯来证明,产品一旦发生不良事件或需要召回时,也要通过追溯来实现。对产品进行防护是为了保证生产出来的合格产品不要在储存或运输过程中被污染或因为温度、湿度和光线原因造成产品的不合格。

二、条款检查指南

第四十五条 企业应当按照建立的质量管理体系进行生产,以保证产品符合强制性标准和经注册或者备案的产品技术要求。

■ 条款解读

本条款是对医疗器械生产企业生产管理环节提出的总体要求,企业应按照文件化的质量管理体系控制生产过程,以保证医疗器械产品符合强制性的国家标准和行业标准;二、三类医疗器械还应符合经注册的产品技术要求,一类医疗器械符合经备案的产品技术要求。

1. 医疗器械强制性标准

《医疗器械监督管理条例》第六条规定,医疗器械产品应当符合医疗器械强制性国家标准;尚无强制性国家标准的,应当符合医疗器械强制性行业标准。根据《中华人民共和国标准化法》有关规定,需要在全国范围内统一的技术要求,应当制定国家标准;没有国家标准而又需要在全国某个行业范围内统一的技术要求,可以制定行业标准。强制性标准必须执行。

2. 产品技术要求

产品技术要求是针对一个具体注册申报产品制定的,《医疗器械监督管理条例》中明确了产品技术要求的法律地位。第一类医疗器械产品备案,以及申请第二类、第三类医疗器械产品注册,应当提交产品技术要求等资料;根据《中华人民共和国标准化法》有关规定,鼓励企业采用推荐性标准。企业如果有其他科学依据证明医疗器械安全有效的,也可采用其他的方法。企业可以在医疗器械产品技术要求中直接采用推荐性标准,也可以通过其他方法证明产品符合安全有效的要求。如果企业在产品技术要求中引用了推荐性标准的性能指标和检验方法,即企业把推荐性标准作为本企业承诺的技术要求,则其上市的医疗器械必须符合产品技术要求及引用的推荐性标准的要求。医疗器械生产企业应当严格按照经注册或者备案的产品技术要求组织生产,保证出厂的医疗器械符合强制性标准以及经注册或者备案的产品技术要求。产品技术要求主要包括医疗器械成品的性能指标和检验方法,其中性能指标是指可进行客观判定的成品的功能性、安全性指标以及与质量控制相关的其他指标。其中哪些项目需要出厂检验,不在产品技术要求中规定。企业应当根据产品技术要求、产品特性、生产工艺、生产过程、质量管理体系等确定生产过程中各个环节的检验项目,最终以产品检验规程的形式予以细化和固化,用以指导企业的出厂检验和放行工作,确保出厂的产品质量符合强制性标准以及经注册或者备案的产品技术要求。医疗器械生产企业发现其生产的医疗器械不符合强制性标准、经注册或者备案的产品技术要求或者存在其他缺陷的,应当立即停止生产,通知相关生产经营企业、使用单位和消费者停止经营和使用,召回已经上市销售的医疗器械,采取补救、销毁等措施,记录相关情况,发布相关信息,并将医疗器械召回和处理情况向食品药品监督管理部门和卫生计生主管部门报告。

3. "建立"的含义

本章节中"建立"的含义包括:定义、文件化(以书面形式或电子化形式)和实施。

■ 检查要点

1. 是否根据产品的要求建立了生产过程控制所需的相关文件如(图纸、工艺、作业指导书、检验规范等)。

2. 上述文件是否符合强制性国家标准、行业标准和经注册核准或者备案的产品技术要求。

3. 通过对本章节的其他条款的检查结果综合评价该条款的符合性。

■ 检查方法

本条款是概述性的要求,主要靠检查其余条款的符合性来实现对本条款的评价。检查员可以首先熟悉一下所检查产品有关的强制性国家标准、行业标准有哪些,产品技术要求包括哪些功能性和安全性指标,了解每一具体指标的检验和试验方法,作为检查本章下述内容的开始。

第四十六条　企业应当编制生产工艺规程、作业指导书等,明确关键工序和特殊过程。

■ 条款解读

本条款是对企业编制生产工艺规程和作业指导书的要求,重点在于明确关键工序和特殊过程。

1. 生产工艺规程

生产工艺规程是指企业产品制造的总体流程的方法,包括工艺过程、加工说明、工装设备要求、工艺参数和工艺配方等生产过程控制的一套技术文件。是医疗器械产品设计和开发过程的输出文件之一。生产部门操作人员必须严格执行已批准的生产工艺规程,任何人不得擅自更改,生产部门管理人员在生产工艺规程实施前应对相关的操作人员进行培训,保证相关操作人员正确理解工艺规程的要求。

2. 作业指导书

作业指导书是针对产品生产工艺规程中某一工序制定的详细操作文件,作业指导书有时也称为工作指导令或操作规范、操作规程、工作指引等。作业指导书是指导保证过程质量的最基础的文件和为开展纯技术性质量活动提供指导。如焊接作业指导书,清洗烘干作业指导书,调试作业指导书等。作业指导书的内容应满足"5W1H"原则,任何作业指导书都须用不同的方式表达出:Where:即在哪里使用此作业指导书:Who:什么样的人使用该作业指导书;What:此项作业的名称及内容是什么;Why:此项作业的目的是干什么;when:何时做;How:如何按步骤完成作业。

3. 关键工序

关键工序是指对产品质量和产品性能起决定性作用的工序,如血管支架的激光切割工序,X 射线机的调试工序、IVD 产品的称量和配制等。因关键工序对产品质量和性能起决定性作用,因此该工序需要建立详细的作业指导书并设立过程检验点。

4. 特殊过程

特殊过程是指通过检验和试验难以准确评估其质量的过程;如:灭菌过程、无菌医疗器械产品的初包装过程、未道清洗烘干过程、波峰焊、氩弧焊、热处理过程、冷冻干燥过程、上瓷、真空铸造等。

特殊过程的识别应根据企业和产品的具体情况而具体分析,不能简单的说某过程是不是特殊过程,同样一个过程对 A 组织而言是特殊过程,对 B 组织而言可能不是特殊过程,特殊过程的存在是动态的,它因验证的手段、方法的改变而改变。同样一个过程,A 组织因资源能力充分,能够对该过程的真正质量特性进行批放行检验,则该过程对 A 组织而言不是特殊过程。而 B 组织因资源能力不足,只能对该过程的部分质量特性进行检验,而对产品的全部质量特性只能定期进行抽样验证,则该过程对 B 组织而言是特殊过程。

特殊过程中的重要工艺参数应经确认,经确认的参数应纳入工艺规程或作业指导书中,生产操作人员应按工艺规程或作业指导书的要求操作,并作好生产记录,记录应符合工艺规程或作业指导书的规定。

企业应识别出对产品质量有影响的生产过程,并在工艺流程或工艺规程中加以明确。工艺流程图中应明确标出关键工序和特殊过程,以便在生产过程中给予重点控制。

有些生产过程既是关键工序又是特殊过程,如无菌医疗器械的初包装封口和灭菌过程。封口的强度和完整性对产品全生命周期内的无菌保证有非常重要的作用,因此是关键工序,但是其密封效果和耐久性不能通过逐一检验来评估,因此又属特殊过程。对无菌产品来讲,灭菌过程无疑是关键工序,但由于灭菌后无菌检测是破坏性试验,而不能逐一监测,因此又属特殊过程。

■ 检查要点

1. 是否识别了对产品质量有影响的所有生产过程,并形成文件,如:产品工艺规程、作业指导书和工艺流程图等。

2. 查看相关文件,是否明确了整个生产工艺过程中关键工序和特殊过程,对关键工序和特殊过程的重要参数是否做验证或确认的规定,关键工序和特殊过程是否已建立了详细的作业指导书。

3. 生产工艺规程或作业指导书是否规定了该过程所必需的生产设备、工装、模具和测量装置。

4. 现场查看操作人员是否按工艺规程、作业指导书的要求进行操作?重点查看关键工序和特殊过程的操作和过程参数范围是否和工艺文件或作业指导书要求一致。

■ 检查方法

对本条款的检查,可先通过和生产主管的交谈、调阅产品注册证,了解企业生产的产品的品种。查阅产品的工艺流程,了解每一产品有哪些关键过程和特殊过程,依据关键过程和特殊过程的定义核查这些过程设置的符合性,查阅关键过程和特殊过程是否有相应的工艺文件或作业指导书,特殊过程的工艺文件是否明确了参数和参数范围要求,可调阅该过程的确认报告,查阅是否和该过程确认报告的输出的一致性。如企业生产的品种较多时,应根据产品的规格、型号,不同规格型号的产品差异性,选择有代表性的产品或能覆盖其他规格型号的产品进行抽样。

第四十七条 企在生产过程中需要对原材料、中间品等进行清洁处理的,应当明确清洁方法和要求,并对清洁效果进行验证。

■ 条款解读

本条是对原材料、中间品进行清洁处理的要求。若原材料、中间品的清洁对最终产品安全性、有效性是至关重要的,如制氧机产品中和氧气接触的管路,无菌医疗器械在非净化车间生产出来的配件等,均应建立原材料、中间品清洁的作业指导书,明确清洁方法和要求,并对清洁效果进行验证;清洁既要达到效果,也需要控制清洁剂的残留物,清洁效果的验证要采用最差状态下进行验证,这种最差状态可以是自然状态,也可以是人为设置一个最差状态。

下列四种情况,均应建立原材料、中间品和成品的清洁处理作业指导书,并对清洁效果进行验证,保持验证记录:

1. 产品以无菌形式提供,在灭菌前对产品有微生物要求的:在非净化环境中生产出来的配件在装配前均应经清洁处理,其中末道清洁处理应在相应级别的净化条件下处理,清洁处理可以采用工艺用水清洗,也可以采用其他方法进行清洁,如酒精浸泡或擦拭。如果采用工艺用水清洗,通常其末道用水的级别分为三个等级:①采用符合药典的蒸馏法制成的注射用水;②采用超滤方法或其他方法制成的注射用水;③符合药典要求的纯化水。若水是最终产品的组成成分时,应使用第①种药典要求的方法制成的注射用水,如隐形眼镜护理液;若用于末道清洗直接或间接接触心血管系统、淋巴系统或脑脊液或药液的无菌医疗器械或零配件应采用第②种方法制成的注射用水,如注射针、胶塞等;除上述外其他无菌医疗器械的末道清洗工艺用水均应采用纯化水。

2. 产品以非无菌形式提供,但需在灭菌和使用前进行清洁处理;如接骨钢板、螺钉,以非无菌形式提供给临床使用机构,但在灭菌和使用前需清洁处理。

3. 作为非无菌使用提供,而使用时清洁至关重要的产品;如病房终端中对氧气管道的清洁、定制式口腔义齿的模型清洁、制成品的清洁等。

4. 在生产过程中应从产品中除去处理物时。

当加工助剂对产品质量有不利影响时,如生产加工过程中清洁剂、脱模剂、润滑油或其他不准备包含在最终产品里的物质,对这些加工助剂的去除方法应进行确认并形成文件要求。

■ 检查要点

1. 是否识别出需清洁处理的过程。

2. 如有应提供产品清洁处理文件和相关记录。

3. 清洁效果和清洁剂的残留是否经验证,并能提供验证记录。

4. 无菌医疗器械,在灭菌前控制初始污染菌。

■ 检查方法

对本条款的检查可通过和生产主管的交谈及对设计输出文件的查阅的方式了解产品是否有清洁要求,并确认清洁对产品质量的重要程度,若原材料、中间品的清洁对最终产品安全性、有效性是至关重要的,这样的清洁过程应作为特殊过程进行控制,按特殊过程要求检查清洁处理过程的确认文件、确认报告和清洁的作业指导书,清洁记录等。

第四十八条 企业应当根据生产工艺特点对环境进行监测,并保存记录。

■ 条款解读

本条款是对企业生产环境的要求,可分三方面理解:一是生产环境应当符合生产工艺的特点和要求,二是要对环境进行监测控制,保证生产环境符合要求;三是对环境的监测记录要保留。

不同的产品所要求生产环境是不同的,企业应根据生产工艺特点和法规要求并结合产品风险管理的输出文件来确定生产环境的要求。在本规范的3个附件中分别对无菌医疗器械、植入性医疗器械和体外诊断试剂的生产环境做出了规定:

1. 无菌医疗器械的环境要求

(1) 介入到血管内的无菌医疗器械及需要在10 000级下的局部100级洁净室内进行后续加工的无菌器械或单包装出厂的配件,其末道清洁处理、组装、初包装、封口的生产区域应当不低于10 000级洁净度级别。

介入到血管内的医疗器械有：中心静脉导管，支架输送系统、造影导管等。

（2）与血液、骨髓腔或非自然腔道直接或间接接触的无菌医疗器械或单包装出厂的配件，其末道清洁处理、组装、初包装、封口的生产区域应当不低于100 000级洁净度级别；不经清洁处理的零部件的加工生产区域应当不低于100 000级洁净度级别。

与血液接触的无菌器械有：血浆分离器、血液分离器、输液器等；与骨髓腔或非自然腔道接触的器械：一次性使用麻醉针、一次性水封胸腔引流装置等。

（3）与人体损伤表面和黏膜接触的无菌医疗器械或单包装出厂的配件，其末道清洁处理、组装、初包装、封口的生产区域应当不低于300 000级洁净度级别；不经清洁处理的零部件的加工生产区域应当不低于300 000级洁净度级别。

与人体损伤表面接触的医疗器械有：创口贴、敷料等；与黏膜接触的医疗器械有：无菌导尿管、一次性使用气管插管等。

（4）与无菌医疗器械的使用表面直接接触、不需清洁处理即使用的初包装材料，其生产环境洁净度级别的设置应当遵循与产品生产环境的洁净度级别相同的原则，使初包装材料的质量满足所包装无菌医疗器械的要求；若初包装材料不与无菌医疗器械使用表面直接接触，应当在不低于300 000级洁净室（区）内生产。如注射器、输液器的初包装材料不与产品使用表面直接接触，可在300 000级洁净室内生产。如血管造影导管、支架输送系统的初包装材料与产品使用表面直接接触，其初包装材料的生产环境与产品生产环境的洁净度级别相同。

（5）对于有要求或采用无菌操作技术加工的无菌医疗器械（包括医用材料），应当在10 000级下的局部100级洁净室（区）内进行生产。

如透明质酸钠的灌装应在10 000级下的局部100级洁净室内进行。

（6）洁净工作服清洗干燥间、洁具间、专用工位器具的末道清洁处理与消毒的区域的空气洁净度级别可低于生产区一个级别。无菌工作服的整理、灭菌后的贮存应当在10 000级洁净室（区）内。

2. 植入性无菌医疗器械生产环境要求

（1）主要与骨接触的植入性无菌医疗器械或单包装出厂的配件，其末道清洁处理、组装、初包装、封口的生产区域应当不低于100 000级洁净度级别；不经清洁处理零部件的加工生产区域应当不低于100 000级洁净度级别。

与骨接触的植入性无菌医疗器械有：人工关节、骨水泥等。

（2）主要与组织和组织液接触的植入性无菌医疗器械或单包装出厂的配件，其末道清洁处理、组装、初包装、封口的生产区域应当不低于100 000级洁净度级别；不经清洁处理零部件的加工生产区域应当不低于100 000级洁净度级别。

与组织和组织液接触的植入性无菌医疗器械有：心脏起搏器、皮下植入给药器、植入性人工耳蜗、人工乳房等。

（3）主要与血液接触的植入性无菌医疗器械或单包装出厂的配件，其末道清洁处理、组装、初包装、封口的生产区域应当不低于10 000级洁净度级别；不经清洁处理零部件的加工生产区域应当不低于10 000级洁净度级别。

与血液接触的植入性无菌医疗器械有：血管支架、心脏瓣膜、起搏电极、人工血管等。

（4）与人体损伤表面和黏膜接触的植入性无菌医疗器械或单包装出厂的零部件，其末道清洁处理、组装、初包装、封口的生产区域应当不低于300 000级洁净度级别；不经清洁处理零部件的加工生产区域应当不低于300 000级洁净度级别。

与人体损伤表面和黏膜接触的植入性无菌医疗器械有：可吸收的创伤敷料、宫内节育器等。

（5）与植入性的无菌医疗器械的使用表面直接接触、不需清洁处理即使用的初包装材料，其生产环境洁净度级别的设置应当遵循与产品生产环境的洁净度级别相同的原则，使初包装材料的质量满足所包装无菌医疗器械的要求；若初包装材料不与植入性无菌医疗器械使用表面直接接触，应当在不低于300 000洁净室（区）内生产。

（6）对于有要求或采用无菌操作技术加工的植入性无菌医疗器械（包括医用材料），应当在10 000级下的局部100级洁净室（区）内进行生产。

（7）洁净工作服清洗干燥间、洁具间、专用工位器具的末道清洁处理与消毒的区域的空气洁净度级别可低于生产区一个级别。无菌工作服的整理、灭菌后的贮存应当在10 000级洁净室（区）内。

洁净室（区）空气洁净度级别应当符合下表规定：

表8-1 无菌医疗器械洁净室（区）常用洁净度等级及控制（YY/T0033）

监测项目	技 术 指 标[1]				监测方法	监测频次[2]
	ISO5级（英制100级）	ISO7级（英制10 000级）	ISO8级（英制100 000级）	ISO8.5级（英制300 000级）		
空气中关注粒径 为≥0.5μm粒子数，个/立方米	≤3520	≤352 000	≤3 520 000	≤11 100 000	GB/T 16292 或 GB/T 25915.1-2010 和 GB/T 25915.3-2010 中 B.1	1次/季

续表

监测项目		技术指标[1]				监测方法	监测频次[2]
		ISO5级（英制100级）	ISO7级（英制10 000级）	ISO8级（英制100 000级）	ISO8.5级（英制300 000级）		
空气中关注粒径为≥5μm粒子数，个/立方米		0	≤2 930	≤29 300	≤92 500	GB/T 16292或 GB/T 25915.1-2010 和 GB/T 25915.3-2010 中 B.3	1次/季
其他项目	温度/℃	(无特殊要求时)18~28				GB/T 25915.3-2010 中 B.8 或 GB 50591-2010 E.5	1次/班
	相对湿度/%	(无特殊要求时)45~65				GB/T 25915.3-2010 中 B.9 或 GB 50591-2010 E.5	1次/班
	风速/m/s	水平层流≥0.40 垂直层流≥0.30	—	—	—	GB/T 25915.3-2010 中 B.4 或 GB 50591-2010 E.1	1次/月
	换气次数/h	—	≥20	≥15	≥12	用风速、送风口过滤器总面积和洁净室(区)内部体积换算	1次/月
	压差/Pa	不同级别洁净室(区)及洁净室(区)与非洁净室(区)之间≥5				GB/T 25915.3-2010 B.5 或 GB 50591-2010 E.2	1次/月
		洁净室(区)与室外大气≥10					

1) 本表中 ISO 级别对应的关注粒径的技术指标均为静态指标。ISO5 级≥0.5μm 粒子的动态指标同静态指标，≥5μm 粒子的动态指标为 29；ISO7 级对应的动态指标同 ISO8 级的指标；ISO8 级和 ISO8.5 级对应的动态指标不做推荐。

2) 表中给出的监测频次适用于新厂房、厂房长期停用或改造后、净化系统有重大维修、更换高效过滤器的情况和关键控制点。当监测数据趋于稳定后，可延长监测周期，但不宜超过 GB/T 25915.2-2010 表 1 和表 2 给出的监测周期。

3. 体外诊断试剂的生产环境要求

（1）酶联免疫吸附试验试剂、免疫荧光试剂、免疫发光试剂、聚合酶链反应（PCR）试剂、金标试剂、干化学法试剂、细胞培养基、校准品与质控品、酶类、抗原、抗体和其他活性类组分的配制及分装等产品的配液、包被、分装、点膜、干燥、切割、贴膜、以及内包装等，生产区域应当不低于 100 000 级洁净度级别。

（2）阴性、阳性血清、质粒或血液制品等的处理操作，生产区域应当不低于 10 000 级洁净度级别，并应当与相邻区域保持相对负压。

（3）无菌物料等分装处理操作，生产区域应当不低于 100 级洁净度级别。

（4）普通类化学试剂的生产应当在清洁环境中进行。

4. 有源医疗器械的生产环境要求

线路板的焊接、装配工艺中如有防静电要求,企业应设有防静电区域,对防静电措施进行定期监测,并保存监测记录。

5. 其他产品生产环境要求

可结合产品实际和生产工艺要求确定。

■ 检查要点

1. 检查企业是否确定了符合其产品工艺特点的生产环境,并形成文件。

2. 如为无菌医疗器械,其生产环境是否满足医疗器械生产质量管理规范附录无菌医疗器械对环境的要求。

3. 如为植入性医疗器械,其生产环境是否满足医疗器械生产质量管理规范附录植入性医疗器械对环境的要求。

4. 如为体外诊断试剂,其生产环境是否满足医疗器械生产质量管理规范附录体外诊断试剂对环境的要求。

5. 其他类的医疗器械其生产环境是否满足产品和生产工艺要求。

6. 检查企业是否制定了相应的环境监测文件。

7. 核查环境监测记录(包括监测项目、方法和频次的要求)是否符合法规、标准和其环境监测文件的要求。

■ 检查方法

对本条款的检查首先可通过查阅厂房布局图和现场检查的方式,确定零部件的生产、部件装配、成品组装、初包装的生产环境,体外诊断试剂配制、分装、阴性、阳性血清、质粒或血液制品等的处理操作的环境是否符合规范或附件的要求;通过查阅文件和记录的方式确定环境的监测是否符合要求,可调阅检查前一个季度或二个季度的环境监测记录,核对监测项目、数据和监测方法是否和环境监测文件相符。

> **第四十九条** 企业应当对生产的特殊过程进行确认,并保存记录,包括确认方案、确认方法、操作人员、结果评价、再确认等内容。
> 生产过程中采用的计算机软件对产品质量有影响的,应当进行验证或者确认。

■ **条款解读**

本条款是对特殊过程确认的要求,本章节第四十六条要求企业识别出哪些过程是特殊过程,由于特殊过程是难以通过检验和试验准确评估其质量的过程,因此需对该过程的操作人员、设备和工艺参数进行确认,通过对过程的控制来保证其输出的结果持续地符合要求。若特殊过程外包(如灭菌过程),也需提供过程确认的方案、确认记录和确认报告。

除特殊过程外,哪些过程还需确认?《质量管理体系 过程确认指南》(GHTF/SG3/N99-10:2004)给出了过程确认决策图。

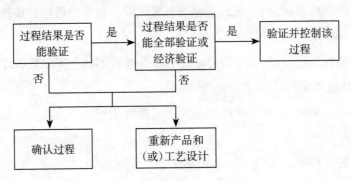

图 8-1 过程确认决策图

1. 确认的重要性

有效的过程验证和确认是确保符合质量管理体系要求的重要方面。因为特殊过程的结果不能通过后续的检验和试验加以验证,企业应对这样的过程实施确认,还包括在产品使用或已交付之后才显现的过程。对于医疗器械生产企业来说,以下过程通常需要确认:灭菌过程、无菌初包装过程、冷冻干燥过程、热处理过程、注塑过程、焊接过程、清洗过程和电抛光过程等。

2. 确认的类型

过程确认从时机来分,通常可分为前瞻性确认、同步性确认和回顾性确认。应根据产品特点和所处的产品实现阶段选择合适的确认途径。如在设计开发和试生产阶段,通常是采用前瞻性确认的方法,为正式生产确定工艺参数。对于低风险产品,可以边确认边生产的方式,确认合格后产品即可投放市场。如果在生产过程中,检测到产品质量的变化很小,可以由累积的回顾性数据来完成确认,这些回顾性数据可以从批记录、生产日志、控制图、检验和试验结果、顾客反馈信息、产品故障报告、服务报告、审核报告等得到,回顾性确认必须建立在充分的质量信息基础上。如企业平时不注重质量数据的收集和整理,回顾性确认可能难以开展。

过程的识别是对过程进行监控和确认的前提条件,是保证过程是否能得到应有的安排和控制的关键环节。在确认执行过程中,应细化所有的过程,包括每个过程中的子过程。需要注意的是,外包过程也需要识别,因为有些外包的过程可能是特殊过程,是需要进行确认的过程。

3. 确认方案

过程确认的内容和详细程度取决于医疗器械的特性及被确认过程的特性和复杂性。为了保证确认活动的完整性,在执行具体的确认活动前,应该制定详细的确认方案。

确认方案通常包括以下组成部分:确认的目的、范围、人员的职责权限、确认所依据的相关技术标准、确认的接受标准、抽样方法、时间安排和有关的文件输出要求,同时规定对辅助过程和支持程序的确认要求。方案制定越详细、合理,执行过程中发生更改的可能性越小,因此,一个具体、详细的方案是确认成功的保证。

对于一个复杂的过程,如果在一个确认方案中不能包括所有的确认细节,通常可以按确认的先后顺序分别制定方案,如设备安装确认(IQ)方案、运行确认(OQ)方案、性能确认(PQ)方案。这种工作的分解符合项目管理的模块化方法,在管理上更容易执行,但是需要考虑不同阶段的衔接。

(1) 安装确认(IQ)

安装确认主要检查设备是否正确地被安装,以及机器设备安装后进行的各种系统检查及技术资料的文件化工作。安装确认的内容包括:

① 设备安装条件确认,如供水水质、供电、供气、压缩气体、冷冻和真空条件的确认;

② 安装环境确认,如温度、湿度、尘埃、电磁、震动、微生物控制条件的确认;

③ 供应商文件、图纸和手册检查,零部件清单核对。由软件控制的设备需要考虑软件的备份和安装环境的检查;

④ 设备 / 部件运行和安全装置检查;

⑤ 确认设备主要技术参数,包括软件功能确认。

(2) 运行确认(OQ)

运行确认是为证明设备或系统达到设定要求而进行的各种运行试验及文件化工作。OQ 阶段需确定过程参数和控制范围,如时间、温度、压力、速度、软件参数的设置等,通常需要应用适当的统计技术,如:试验设计,回归分析等统计手段。在 OQ 开始前应明确试验的原材料要求,人员培训和资质要求,过程的操作程序 SOP 等。实际执行过程中,对于复杂的过程,OQ 流程通常分为几个阶段:

第一阶段:参数的初选,确定关键参数,初步试验设计,确定极限参数水平。

第二阶段:关键参数的优化与验证。

第三阶段:次要参数的确定与初步过程能力分析。

需要注意的是,设备供应商或材料供应商提供的信息对于确定运行参数具有重要的指导意义。例如无菌包装材料的供应商通常会提供某类包装材料的确认资料,其中的温度、压力和速度范围可以作为医疗器械企业包装确认时的重要参考,但实际运行参数的设置还应由企业的确认结果来确定。

运行确认的输出文件包括作业指导书和相关人员的工艺培训记录等。

(3) 性能确认(PQ)

性能确认是为证明设备或系统达到设计性能的试验,需要考察经过 OQ 阶段建立的过程参数和程序在生产中的实际情况,以证实工艺的可接受性,确保 OQ 中建立的过程能力。

为了证明产品的持续稳定满足要求,设备运行确认后,由生产操作人员在正常的生产条件下,至少连续操作 3 批,然后进行抽样检测,检测内容按各工序及周期检验标准进行。对产品性能的测试数据进行统计分析,考察设备与产品的稳定性和过程能力。

在执行确认时经常遇到一些问题,例如性能确认时是否要考虑操作的极限条件,连续操作批次的定义,以及如何确定样品抽样方案。对于这些实际问题,企业应该根据产品自身的特点,结合过程的控制水平,并参考相关的标准,综合考虑后才能确定。

(4) 如果生产过程是通过软件来控制的,应对软件进行确认。

现代医疗器械的生产通常要使用由软件控制的复杂设备,此类软件的应用在开始使用前应予以确认,确认记录应予以保持。一般情况下,软件确认应在执行 OQ 确认前完成,通常可以将软件确认与安装确认一起进行。根据 FDA 关于软件确认的指南,软件确认的内容包括以下几个方面:

① 性能测试:列出要测试的项目并证明这些项目能满足要求。例如软件可以设定温度、压力等,设置这些参数,看能否满足预定的要求。

② 功能测试:按照使用说明书上的相反做法进行设置,考察报错的可靠性,如果存在一种以上的软件,考察多个软件之间的影响。

③ 极限测试:根据软件的使用极限进行测试极限条件的工作可靠性,例如在电压的波动范围内,考察最大波动时情况。

④ 系统设置可恢复性:考察系统出了问题之后,恢复到正常设置的能力。

⑤ 安全性:界定安全措施,例如界定什么人可以修订参数、什么人可以更改程序等。

4. 确认报告

性能确认合格后,确认小组应整理 IQ/OQ/PQ 的结果,判断接受标准是否被满足,总结形成确认报告。同时,需要确定确认后过程的控制方法,例如对关键参数编制 SPC 控制图等,以及何时需要实施再确认。确认报告应该被所有确认小组成员的评审通过,最后获得管理层的审批。

5. 再确认

再确认是指一项工艺、过程、系统、设备或材料等经过验证并在使用一个阶段以后进行的,旨在证实已验证状态没有发生漂移而进行的验证。当有意或无意的过程或环境变更对过程特性和产品质量产生负面影响时,需要重新确认。如果没有对系统或过程的重要变更,并且质量统计数据证明该过程或系统正持续生产符合规范的材料,一般来说,没有必要进行重新验证。因此,企业在日常生产过程中,应该注重质量数据的收集和整理,充分利用这些质量数据,如批记录、质量报表、控制图、检验结果、顾客反馈、产品故障报告、服务报告、审核报告等。通过对这些数据的分析,判断过程的控制状态和确认的有效性,并将分析结果应用到再确认的执行过程。

■ 检查要点

1. 检查企业是否能提供特殊过程的确认方案、确认原始记录和确认结果报告。

2. 检查确认方案中是否明确了确认依据、确认人员、确认的方法,确认的可接收准则。

3. 检查无菌医疗器械的灭菌过程确认是否符合相关标准的要求,如采用环氧乙烷灭菌,灭菌确认过程是否符合 GB 18279 标准,如采用辐照灭菌,灭菌确认是否符合 GB 18280,如采用湿热灭菌的,确认是否符合 GB 18278;如采用无菌加工技术的,确认是否符合 YY/T 0567.1 的要求。

4. 若存在软件控制的生产设备,检查企业是否能够提供软件的确认方案、确认记录和确认报告。

5. 当工艺、过程、系统、设备或材料发生变更时,检查是否经再确认,是否能提供再确认记录和报告。

■ 检查方法

对本条款的检查,主要采取审阅文件和记录的方法,从企业需确认的过程清单中随机抽取部分过程,检查确认的文件和记录。对于无菌或无菌植入性医疗器械,灭菌过程的确认、包装系统的确认、产品清洁过程的确认对最终产品的安全性至关重要,为必查项,若存在多个软件控制的生产设备,可随机抽取一至二个软件确认文档审阅。

第五十条 每批(台)产品均应当有生产记录,并满足可追溯的要求。

生产记录包括产品名称、规格型号、原材料批号、生产批号或者产品编号、生产日期、数量、主要设备、工艺参数、操作人员等内容。

■ **条款解读**

本条是对产品批生产记录的要求,主要包括生产记录的完整性和追溯性的要求。

企业应对生产批进行定义,成品组批应根据生产实际情况确定,不同原材料、不同生产环境生产出来的产品不宜作为同一批号管理,对于设备类的产品,也许一批就是一个单个产品。

1. **基本概念**

(1) 批号:用于识别一个特定批的具有唯一性的数字和(或)字母的组合。

(2) 生产批:指在一段时间内,同一工艺条件下连续生产出的具有同一性质和质量的产品。

(3) 灭菌批:在同一灭菌容器内,同一工艺条件下灭菌的具有相同无菌保证水平的产品。

2. **批生产记录的内容**

适当时应包括下列方面并满足可追溯的要求:

(1) 产品的名称、规格型号、产品的编号。

(2) 原材料、组件和成品的批号。

(3) 各不同生产阶段的开始和完成时间、操作人员。

(4) 生产数量和最终放行数量。

(5) 所使用的经指定的生产线或生产设备。

(6) 相关操作程序文件编号及版本号。

(7) 关键工序和特殊过程的参数记录及偏离工艺规程或作业指导书的情况。

(8) 过程测试结果及不合格品处置情况。

(9) 必要时还包括物料平衡计算,损耗报废的数量等。

有源医疗器械的每批(台)的生产记录可能包括电器部分、光学部分、机械部分的部件制作、部件装配记录、部件调试记录、部件老化、整机装配记录、整机调试记录,整机老化记录,产品包装记录,对于一些大型设备如 CT、X 射线机、核磁共振等设备,需要在用户处进行安装、调试的,也应包含在每批(台)生产记录中。

无菌医疗器械的每批生产记录可能包括零部件的注塑、拉管、精洗、烘干、部件装配、成品装配、初包装封口、灭菌等记录。

3. **批生产记录案例**

背景:TWH 公司为专业生产医用插管的医疗器械公司,从德国引进一加工生产线,用于生产 YBC-12 型专用插管,在生产过程中,需要对插管 B 组件进行表面涂层处理,涂层材料为一特殊的高分子材料 PolySi-23,主要工艺、原材料和加工后的要求如下:

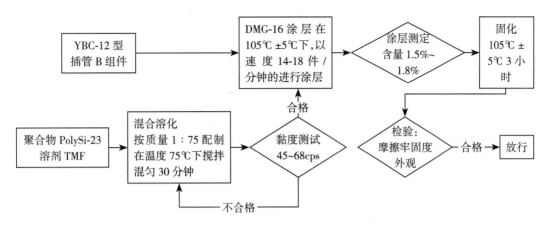

图 8-2 工艺、原材料、加工后要求示意图

根据生产安排,每一班次的生产数量在 4500 到 5000 件之间,一般情况下以每天在同一涂层设备中生产的产品为一个批。

设备情况

DMG-16 型涂层设备,带有一 500L 的涂层液配制池,并能进行自动温度控制,控制精度可在 ±2℃ 范围内,固化过程采用热风干燥固化,风量要求在 40L/min。时间从均可根据需要设定。所有的过程温度、时间及风量均可通过 ABB 公司提供的 PLC 进行控制。现有相同的设备 3 套编号为 DMG-16A-01、DMG-16A-02 及 DMG-16A-03。设备需要 2 个操作员工进行操作。

产品质量要求

- 外观:表面光滑、色泽均匀。
- 摩擦牢固度:试验部位无可见变色现象。
- 涂层含量:1.5%~1.8%(w/w)。

任务

根据以上信息,针对上述流程请设计相关批记录的要求。批记录要求应考虑需记录的信息,以达到可追溯的要求。

原材料记录要求

(1) PolySi-23、TMF 批号信息,记录称量重量信息。

(2) YBC-12 型专用插管 B 组件的批号、件数。

(3) 原材料领用人信息。

设备记录要求

(1) DMG-16 设备编号。

(2) 称量用设备编号。

（3）设备状态的核查信息（校验、保养状态信息）。

过程记录要求

（1）相关操作程序文件编号及版本号。

（2）涂层液配置信息包括设定的温度、时间，以及实际的监控数据。

（3）涂层液是否返工以及返工情况、涂层过程设定的温度及速度、实际监控数据。

（4）固化过程设定的温度及时间、实际监控数据、批前情场记录。

（5）物料平衡计算（投入的 B 组件的数量（a）、最终放行的数量（c）、损耗报废的数量（b）及原因），计算 a+b=c。

（6）过程测试结果：粘度测量结果以及测试人员。

（7）过程测试结果：涂层含量结果及测试人员签名。

（8）过程 / 产品测试记录号。

（9）生产批记录的审核记录。

（10）最终测试及处理结果。

■ **检查要点**

1. 检查生产记录的完整性，是否包括：产品名称、规格型号、原材料批号、生产批号或者产品编号、生产日期、数量、主要设备、工艺参数、操作人员等内容。

2. 生产记录的可追溯性，彼此之间是否相关联，是否有冲突。

■ **检查方法**

每一类型的医疗器械各抽查 2~3 份批生产记录，查看内容是否完整，能否满足可追溯性要求。

第五十一条　企业应当建立产品标识控制程序，用适宜的方法对产品进行标识，以便识别，防止混用和错用。

■ **条款解读**

1. 程序文件要求

企业应建立产品标识控制程序文件，程序文件中应对产品标识的范围和所采用的标识方法作出明确规定。包括对原辅材料、中间品和成品的标识，还包括过程中和产品质量有关的工位器具、容器的清洗状态、体外诊断试剂分装管路、化学试剂的配制日期等标识。

2. 产品标识的目的和方法

区分产品不同特征,如材质、尺寸、形态、生产厂家及产品的技术状态,可通过产品名称、规格、型号、批号、日期、数量等加以区分。产品标识应具有唯一性,原辅材料、原器件及其他采购物品的标识可直接采用供方的标识号,如供方产品的批号、生产日期等,企业也可根据的自身管理需求重新进行标识,但应能追溯到原供方的标识状态。成品的标识一般采用规格、型号和产品批号或产品编号进行标识,设备类产品一般采用编号进行标识,产品的组批原则,规格、型号和批号中每一符号和数字所代表的含义应形成文件。

用作产品标识的标记材料,不应对医疗器械产品性能产生不利的影响。

■ 检查要点

1. 是否建立了产品标识控制程序;产品标识控制程序是否规定了采购物品、半成品和成品等标识方法。

2. 现场查看产品标识、过程中和产品质量有关的器具、容器、管路等标识是否符合文件要求或实际的技术状态。

■ 检查方法

本条款的检查可在原材料库、生产现场、成品库随机抽取部分关键物料、半成品和成品等查看产品的标识,和文件的符合性;也可随机抽取产品的过程流程卡、中间品控制记录等批生产记录查看和文件规定的符合性。

> **第五十二条** 企业应当在生产过程中标识产品的检验状态,防止不合格中间产品流向下道工序。

■ 条款解读

检验状态标识的目的是防止未经检验或检验不合格的产品被错误地放行或使用。检验状态有四种:待检、已检待定、合格和不合格,可通过颜色、区域、印章等进行状态标识。在产品实现过程中是必须对全过程进行状态标识,包括采购物品、半成品、成品和返回公司维修产品的状态标识,状态标识随随产品检验状态的改变而改变。

■ 检查要点

1. 是否对检验状态标识方法作出规定。

2. 现场查看生产过程中的检验状态标识,是否符合文件规定。

3. 生产现场(包括仓库)是否设有待检区、合格品区和不合格品区域。

4. 是否存在待检品、合格品和不合格品混放现象。

5. 返回公司的产品是否有状态标识,能和正常生产的产品进行区分。

■ 检查方法

本条款的检查主要是现场查看,放在合格品或不合格品区域的产品是否能有相应的检验记录来支持,检验记录显示的结果是否和状态标识一致。

第五十三条 企业应当建立产品的可追溯性程序,规定产品追溯范围、程度、标识和必要的记录

■ 条款解读

1. 程序文件要求

程序文件应规定产品可追溯性的范围、程度、追溯的途径和可追溯性的唯一标识及所要求的记录。

实现产品的可追溯性必须满足两个条件:①对产品进行唯一性的标识;②保持相关的质量记录。对产品进行唯一性标识是实现可追溯性必要条件之一,二者不可分割。

2. 产品可追溯性的范围和程度

医疗器械的可追溯性既是政府监管的需要,落实企业对产品安全的责任,同时也有利于企业在发现产品质量问题时分析原因,以采取有针对性的纠正和预防措施。追溯可以在两个方向进行:向前应可追溯到产品的使用者,如患者或医院,在产品一旦出现质量事故或不良事件,有利于产品的召回。向后追溯到制造过程中使用的原材料、中间品和过程,能够进行质量问题的调查和有利于纠正/预防措施的实施。

在确定追溯的范围和程度时应考虑两个方面:一是满足企业质量管理的需求,一旦产品出现不合格,根据追溯可以找出产生问题的根本原因,有利于企业采取纠正和预防措施;二是考虑满足法规的要求。

如一次性无菌医疗器械和植入性医疗器械应追溯到每一批号产品所使用的关键原材

料(和药液和血液接触)的供方、进货日期、进货检验和验证等信息;有源医疗器械应能追溯到关键的安全组件相关信息,如变压器等。根据溯源要求体外诊断试剂产品还应能追溯到质控品、校准品,等相关信息;定制式口腔义齿应能追溯到主体材料相关信息(如瓷粉、合金材料等)。

3. 产品追溯途径

为了达到上述追溯的范围和程度,应明确追溯的途径,保存可追溯的记录,并可查阅每批的生产数量和销售数量。

如某公司产品追溯途径:一旦发生顾客投诉 / 不良事件 / 市场抽查不合格等→成品检验报告 / 记录→批生产记录 / 过程检验记录→领料单→生产通知单→进货检验记录→采购记录。

■ 检查要点

1. 企业是否建立了可追溯性控制程序,是否对产品的可追溯范围、程度和可追溯途径做出规定。

2. 企业是否能按文件规定,向可后追溯到关键原料、部件、关键过程、特殊过程向前是否可追溯到产品的使用单位或患者。

■ 检查方法

本条款检查可以和规范第五十条批生产记录和第六十二条销售记录一起查,从批生产记录和销售记录查是否能实现文件规定的可追溯性的范围和程度。

第五十四条 产品的说明书、标签应当符合相关法律法规及标准要求

■ 条款解读

本条是对产品说明书、标签的要求。医疗器械说明书、标签是反映医疗器械安全有效和主要技术特征等基本信息的载体,用以指导医疗器械的正确安装、调试和使用,直接关系到使用医疗器械的安全性和有效性。医疗器械使用错误与医疗器械标签有直接关系,尤其是使用说明和注意事项。

1. 医疗器械的说明书、标签包含的内容

《医疗器械监督管理条例》中第二十七条明确规定:医疗器械应当有说明书、标签。说明书、标签的内容应当与经注册或者备案的相关内容一致。

医疗器械的说明书、标签应当标明下列事项：

（1）通用名称、型号、规格。

（2）生产企业的名称和住所、生产地址及联系方式。

（3）产品技术要求的编号。

（4）生产日期和使用期限或者失效日期。

（5）产品性能、主要结构、适用范围。

（6）禁忌证、注意事项以及其他需要警示或者提示的内容。

（7）安装和使用说明或者图示。

（8）维护和保养方法，特殊储存条件、方法。

（9）产品技术要求规定应当标明的其他内容。

第二类、第三类医疗器械还应当标明医疗器械注册证编号和医疗器械注册人的名称、地址及联系方式。由消费者个人自行使用的医疗器械还应当具有安全使用的特别说明。

根据《医疗器械监督管理条例》，国家食品药品监督管理管理总局制定《医疗器械说明书和标签管理规定》（总局令第 6 号）。于 2014 年 7 月 30 日进行发布，该规定第三条对说明书和标签作出了明确定义："医疗器械说明书是指由医疗器械注册人或者备案人制作，随产品提供给用户，涵盖该产品安全有效的基本信息，用以指导正确安装、调试、操作、使用、维护、保养的技术文件"；"医疗器械标签是指在医疗器械或者其包装上附有的用于识别产品特征和标明安全警示等信息的文字说明及图形、符号"。体现了说明书、标签地位和作用。

2. 说明书、标签的原则性要求

（1）应与产品特性相一致，与注册或者备案的相关内容一致。标签的内容来自说明书，不应超出说明书的范围，企业应特别关注标签必须标明器械的生产日期，使用期限或者失效日期。

（2）医疗器械不是一个常规产品，是用于特殊人群的一个特殊产品，因此产品的适用对象、都可能出现的意外应采取的措施、潜在的风险以及适用的限制要明明白白地告诉使用者；一次性使用的产品是否已灭菌、与其他设备联用的产品要求要明示；可能带来的不良事件或有副作用的成分要说明；EMC 和环保方面的要求。

（3）由于产品的尺寸大小的问题、位置、特殊的外形结构问题，无法将全部内容标明在标签和包装标识上，可以只标一些最基本的信息。但注意一些国家标准行业标准规定的必须标示的信息仍然要标示。

（4）说明书一旦经注册审查，就不得擅自更改，涉及到注册证及附件变化的，注册变更后,可以依据变更文件自行修改;不涉及注册证及附件变化的其他内容修改后,向主管部门书面告知,同意后生效;备案信息表、产品技术要求变化后,由备案人自行修改。

■ 检查要点

1. 检查企业产品标签和说明书是否符合相关规定和标准。

2. 检查标签、说明书的内容是否和注册证一致。

3. 检查标签上是否标注生产日期和使用期限或者失效日期。

4. 检查标签和说明书是否有变更,如有变更,是否按总局6号要求实施变更。

■ 检查方法

在企业成品库中对,随机抽取部分产品的说明书和标签,和法规和注册证内容进行符合性的核对。结合风险管理报告的输出,如风险发生的概率是通过说明书或标签信息、警示信息等实现降低的,则这些风险控制的措施是否纳入的说明书和标签的要求。

> **第五十五条** 企业应当建立产品防护程序,规定产品及其组成部分的防护要求,包括污染防护、静电防护、粉尘防护、腐蚀防护、运输防护等要求。防护应当包括标识、搬运、包装、贮存和保护等。

■ 条款解读

1. 制定防护控制程序

程序文件中应对防护的范围、要求、防护环节等作出控制规定。产品防护的范围应包括产品实现全过程中的防护,包括原材料、组件、半成品和最终产品。产品的防护工作包括标识、搬运、包装、贮存和保护等环节,确保产品在搬运、包装和贮存期间不受损坏和变质。

2. 产品防护应包括的内容

(1)污染防护:如一次性使用无菌医疗器械的原材料、零配件如不经清洁处理直接使用,在贮存时应始终保持双层密封包装,袋口不应敞开,以防止产品被污染。

(2)静电防护:如有源医疗器械中的电子线路板和电子元器件如有防静电要求的,在搬运和贮存时应放置在防静电袋中。

（3）粉尘防护：如注射器回料粉碎不应影响正常生产的产品；机械抛光、喷砂、等离子喷涂在生产过程中应有防护措施。

（4）腐蚀防护：剧毒品、强腐蚀性、易燃、易爆等危险品应建立清单，其储存要求应按国家的有关规定执行。

（5）运输防护：例如，某些金属部件在搬运过程应当有保护措施，防止相互磕碰带来的损伤。再如，含有酶成分的体外诊断试剂，对温度很敏感，通常在储存过程中需要冷藏控制，在交付运输过程中应对温度进行控制，防止在运输过程中对产品质量产生影响。

（6）储存防护：企业应明确有贮存有效期的产品及在储存和运转过程中特殊要求的产品，以确保这类产品在超过有效期后不被使用，对有特殊储存要求的产品应提供适宜的储存条件，并进行标识，对温度、湿度等环境参数加以控制、监测和记录。

■ 检查要点

1. 查产品防护程序，是否规定了产品及其组成部分的防护要求。

2. 检查原材料的防护要求，是否符合供方提供的防护标签或文件要求。

3. 检查中间品、成品的防护要求是否符合规范要求。

4. 原材料、中间品是否有储存有效期，检查库存产品是否在有效期内，关键原材料、中间品的有效期是否经验证。

5. 如果超期使用原材料和中间品，企业是否建立了复验制度或使用前再次检验要求，并能提供相关记录。

6. 是否建立了危险品清单，危险品是否按国家规定的要求进行储存和控制。

■ 检查方法

检查员可以查阅产品防护的程序文件和危险品清单，了解产品的防护要求，在检查原材料的防护时，可在原材料仓库中时重点关注原材料的标签、对于有特殊储存和有效期的物料，供方在标签上一般都会给出相应信息；半成品和成品的防护应核查是否和文件规定的一致。

三、注意事项

1. 在现场检查时，应关注和产品有关的强制性国家标准和行业标准的最新版本，当强制性标准有变化时，企业是否按法规要求及时办理产品变更注册，相应的技术文件是否按设计更改的要求进行变更,批生产记录是否也作了相应调整。

2. 注意企业提供的图纸、工艺文件、作业指导书和检验规范等技术文件的要求是否低于经注册或备案的产品技术要求或相互之间是否有矛盾。

3. 特殊过程需确认,确认包括 IQ、OQ、PQ,确认的工作量很大,以至于有些企业仅识别了部分的特殊过程,检查时注意企业是否将所有的特殊过程都进行了识别。

4. 注意工艺文件中应确定每一工艺所使用的设备、工装模具及精度要求,结合第三章设备要求现场查看实际设备是否能满足工艺要求。

5. 如果产品以无菌形式提供,在灭菌前对产品有微生物要求的,应规定初始污染菌的水平,关注企业是否能提供初始污染水平确定的依据。

6. 注意生产加工过程中清洁剂、脱模剂、润滑油等这些不是产品需要的物质残留控制水平。

7. 对环境监测要注意监测方法的正确性,是否采用国家标准推荐的方法进行监测,是否保存原始的监测记录来证明监测项目和方法都是符合规定的。

8. 注意特殊工序的作业指导书的参数及参数范围和确认报告结果的一致性。

9. 注意确认过程的有效性,过程确认方案是否包含了确认的依据、确认的实验设计、数据的要求和处理,结果的判定。

10. 现在很多生产设备都是通过软件的控制来实现零部件的加工,产品的加工精度和稳定性在很大程度上也是取决于软件的可靠性,但企业往往会忽略软件的验证和确认,检查时应予以关注。

11. 注意组批的合理性,是否符合生产批的定义,生产批和灭菌批的关系是否清楚。

12. 注意批生产记录的完整性、符合性和可追溯性。

13. 注意批生产记录的真实性。在检查企业的批生产记录时,要注意企业提供的记录是原始记录,还是后补的记录,因为后补的记录往往在真实性方面存在问题;另可适当关注一下企业的物料平衡方面的管理,如果物料不能平衡的话,记录的真实性就值得怀疑。

14. 产品标识的唯一性和标识的转移。注意不能出现不同的产品采用相同的标识,零部件从仓库领出来后,标识是否进行了移植。

15. 产品经检验后,是否及时更新检验状态的标识。

16. 企业追溯范围和程度的确定是否合理,是否符合法规的要求。

17. 查产品的说明书和标签除符合法规文件外,还要结合风险管理报告的输出。

18. 有源产品关注静电防护、电子元器件的有效期,无菌医疗器械关注对污染的防护,末道清洁处理后的有效期控制,橡胶件的老化和效期控制,体外诊断试关注储存的防护,反复冻融对产品的影响。

19. 关注产品实现过程中是否涉及危险品、不同危险品的防护要求,应符合国家对危险品的管理办法。

 ## 常见问题和案例分析

◎ 常见问题

1. 关于生产工艺文件和工艺的执行过程中常见问题

(1) 产品的工艺过程流程图和实际生产过程不完全一致。

(2) 未有效否识别关键工序和特殊过程,如某些生产无菌医疗器械的生产企业未将末道清洁过程识别为特殊过程。

(3) 提供不出关键工序和特殊过程的作业指导书。

(4) 现场查看操作人员未按作业指导书要求操作。

(5) 关键工序和特殊过程的参数记录和作业指导书不一致。

2. 关于特殊过程确认常见问题

(1) 特殊过程的确认方案科学性和有效性不足。

(2) 未保存过程确认的原始数据。

(3) 过程确认报告中所确定的参数和实际的作业指导书不一致。

3. 关于标识和可追溯性常见问题

(1) 可追溯的范围、程度和追溯途径未形成文件。

(2) 仓库中和生产现场堆放的关键原材料、外购件等标识不清,如无批号、无生产厂商等信息。

(3) 不能实现对关键物料的追溯。

4. 关于批生产记录常见问题

(1) 批产品记录的信息不全。

(2) 批产品记录上的产品名称或规格型号和注册证上的信息不一致。

(3) 批产品记录应包括哪些内容未形成文件。

5. 关于产品防护常见问题

(1) 未建立危险品清单,也未建立相关控制要求文件。

(2) 未识别有特殊储存要求的物品。

(3) 未规定原材料、半成品的储存条件和储存有效期。

(4) 超有效期使用的原材料、半成品提供不出有效的验证记录。

◎ **案例分析**

【**案例**】 审查员在检查一家生产无菌医疗器械的生产企业,现场查看特殊过程:初包装的封口过程,封口机上贴有温度参数要求:200℃ ±10℃,现场看到封口机的温度恒定在 210℃,询问操作人员,操作人员解释说,"小包装封口要求 200℃ ±10℃,我就把温度设定在 210℃,是在规定范围内"。再询问操作人员,现实际封口温度是多少? 操作人员说:"封口设备只有设定温度,无实际温度显示,我也不知道实际温度是多少。"

分析:无菌医疗器械包装的目的是使产品在预期的使用、贮存寿命、运输和贮存条件中保持产品的无菌性,初包装对无菌医疗器械的安全性有着重要的影响,包装的设计、包装的材料、包装的完整性、包装密封性对无菌医疗器械在整个寿命周期保持产品的无菌性都是至关重要的。对初包装封口过程的控制是确保包装的完整性和包装密封性的重要过程。影响封口质量的参数包括:温度、压力、速度、停留时间等参数,其中温度参数的影响最大,是显著变量。上述案例中操作人员将温度设定在参数范围的最大极限值,实际温度是有波动范围的,而这个波动范围的大小取决于封口机的设备精度,应在安装确认时予以确认,实际温度范围就应是设定温度加设备的波动范围,实际温度就超出了确认时的温度极限,对封口的密封性和完整性会产生影响,从而影响产品寿命周期内的无菌保持性。正确的操作应将封口参数设定在 200℃。

四、思考题

1. 生产管理包括哪些方面? 本章节要求建立的文件和记录有哪些?

2. 如何正确识别哪些过程是需要做确认的? 一个完整的过程确认方案包括哪些内容? 为什么要做 IQ、OQ 和 PQ,其相关要求有哪些?

3. 生产过程中的软件确认包括哪些方面？

4. 批生产记录包括哪些内容？

5. 产品标识的方法有哪些？如何实现过程的可追溯性？

参考文献

［1］　中华人民共和国国务院.医疗器械监督管理条例［R］.2014.3.国务院第650号令.

［2］　国际协调组织.质量管理体系 过程确认指南［R］.GHTF/SG3/N99-10：2004.

（徐凤玲）

第九章

质　量　控　制

一、概述

质量管理（quality management）是指确定质量方针、目标和职责，并通过质量体系中的质量策划、质量控制、质量保证和质量改进来使其实现的所有管理职能的全部活动。质量控制（quality control，简称 QC）也称品质控制，是质量管理的一部分，致力于满足质量要求，或为确保产品质量，企业需要进行一系列与质量有关的活动。企业应当对整个生产过程的质量控制进行全面系统的策划和安排，包括从物料采购一直到成品出厂，特别是对影响产品质量的生产过程或工序进行重点控制，确保这些过程处于受控状态。

质量控制广义上讲，一般应当包括市场调研（摸清用户对质量的要求）、设计开发（设计满足用户要求的产品，并制定产品规范或标准）、制造工艺（选择符合产品规范或标准的设备、工艺流程及工工艺装备）、采购（根据对产品质量的要求选择原辅材料、外购件）、生产（生产出符合规范或标准要求的产品、控制好过程或工序控制）、质量检验（进货检验、过程检验和成品检验）、销售和售后技术维修及服务等。质量控制需要企业各部门来共同完成，这些部门都不同程度地从事着与质量控制有关的活动，而质量检验部门则是专门从事质量控制工作的。

《医疗器械生产质量管理规范》第九章的质量控制是狭义的概念，因为未包括市场调研、设计开发和销售及售后服务等方面质量控制的要求，主要涉及了相当于 YY 0287（ISO13485）中的"产品的监视和测量"的内容，即发生在医疗器械生产过程中的质量检验的内容，而质量控制不仅仅是指质量检验，质量检验也不是质量控制的唯一手段。如环氧乙烷灭菌医疗器械对无菌的控制，有的是在产品上做无菌检验，最常用的是通过对灭菌过程确认后用生物指示物放行，以及参数放行。过程质量控制与质量检验把关相结合，是控制医疗器械质量的双重手段。

医疗器械是特殊的商品,比普通的工业产品更为直接、更为明显地影响人民生命安全或身体健康。随着科学技术的进步,新的物理、化学方法和生命科学的最先进的技术不断被应用于医学,使各学科的新成果不断融入临床医学,医疗器械已成为核物理、激光、超声、材料学、电子学、生物学、化学等众多先进技术聚集的边缘学科,医疗器械从重量只有几克的食道 pH 值探测器,到重量超过百吨的质子刀,技术涉及多种学科。我们也经常说,医疗器械涉及的技术领域广、行业跨度大、专业性很强、门类繁多,包含了各种高新技术和新材料,而且其系统构成相对比较复杂,包含众多零部件、元器件和多个子系统及相关软件等,具有技术先进、结构复杂等特点。因此,导致医疗器械生产过程中的质量控制,特别是质量检验也更为复杂,医疗器械质量检验同样涉及多种专业技术。

质量检验就是按照一定的方法和手段对原辅材料、零部件或组件、半成品及成品的质量特性进行检测,并将检测得到的结果与质量规范或标准规定的性能指标进行比较,从而对该批或该台产品作出合格与不合格判定的过程。同时通过对检验结果进行综合统计分析,提供作为质量改进的信息和依据。

质量检验可以按照生产过程和检测对象的不同来划分,如外购原辅材料和零部件或组件及外协件包括委托生产等的进货检验,生产过程中加工的零件、部件或组件及半成品的过程检验和对最终医疗器械所进行的成品检验或出厂检验等。

质量检验是医疗器械企业生产活动中必不可少的环节,是质量控制的重要组成部分,也是保证医疗器械质量的主要方法。质量检验在生产过程中发挥着把关、预防、改进及实现可追溯性等作用。通过对原辅材料、零部件或组件、半成品及成品的检验,保证不合格的原辅材料和外购外协件不投入生产,不合格的零部件和半成品不转入下一道生产工序,不合格的成品不出厂;通过质量检验获得的信息和数据,为控制质量提供依据,发现医疗器械质量问题,找出原因及时排除,预防或减少不合格品的再次产生;质量检验部门将质量信息、质量问题经过汇总、分析和评估,及时向企业领导和有关部门报告,使他们及时了解产品质量水平,为提高医疗器械质量,加强生产管理提供必要的质量信息,用于质量体系或医疗器械质量的改进;这些检验报告和(或)技术记录及质量控制记录为实现医疗器械质量的可追溯性打下了很好的基础。

《医疗器械生产质量管理规范》的第九章共有六条,内容主要是要求医疗器械生产企业应建立和实施质量控制程序,设置独立的质量检验机构,配备相应的检验人员,确保检验仪器和设备的使用及检验活动处于受控状态,通过对进货检验、过程检验和成品检验及产品放行的控制,为所生产的医疗器械提供符合强制性国家和行业标准及经注册或备案的《产品技术要求》的证据,并按规定程序将医疗器械交付使用。

二、条款检查指南

> **第五十六条** 企业应当建立质量控制程序,规定产品检验部门、人员、操作等要求,并规定检验仪器和设备的使用、校准等要求,以及产品放行的程序。

■ 条款解读

本条款是对企业建立质量控制程序的要求,并对质量控制程序的具体内容进行了规定。按照该条款要求,质量控制程序至少应当包括对检验部门设置、检验人员、检验仪器和设备的校准、产品放行程序等要求。

1. 检验部门设置的要求

企业主要负责人或一把手对医疗器械质量负总责,在产品质量上需要有人代表企业负责人进行质量监督,质量检验部门是执行这个任务的机构。所以,为保证医疗器械质量,企业必须设置独立的质量检验部门。质量检验部门可以由企业负责人直接领导,也可以由管理者代表领导,也有企业将质量检验部门设立在质量管理部门之内。无论如何,特别应注意不应由分管生产的企业负责人管理,更不应当由生产部门的负责人兼任质检部门的负责人。

2. 检验人员的要求

企业应配备有资质即经过培训或熟悉相关领域检测技术,包括与所生产医疗器械有关的国家、行业标准和注册或备案的产品技术要求及进货检验、过程检验和成品检验所涉及专业技术的检验人员。检验人员还应适当了解医疗器械相关法律、法规知识,熟悉所检测医疗器械有关的危害,例如:能量危害,生物学危害,环境危害,有关器械使用的危害,以及由功能失效、维护及老化引起的危害等,最好具有评估其风险的能力,例如,经过医疗器械风险管理方面的培训。对检验结果有影响的检验仪器和设备的操作人员应接受必要的技术培训,有上岗证并经过授权。

3. 检验仪器和设备校准的要求

企业应对检验仪器和设备的使用、校准等要求做出规定。并按照规定由经过培训及授权的人员使用检验仪器和设备;对新购置检验仪器和设备投入使用前应当进行校准,投入正常运行后应当按文件规定和计划进行周期校准。

4. 产品放行程序的要求

企业应明确规定医疗器械放行的程序,即经过审核所有检验(包括进货检验、过程检验或工序检验、成品检验)均已完成并符合要求,并经过审核,有证据证明医疗器械符合强制性国家和行业标准及注册或备案的产品技术要求,经过企业负责人或授权人批准后,才能交付给客户。

5. 其他要求

还应就以下几个方面要求,明确做出规定:一是应有符合要求的检验实验场所,其环境和设施应当满足相关技术规范的要求;二是各相关部门在质量控制中的职责,如物料供部门负责原辅材料和外购外协及委托加工件的控制,技术部门负责加工图纸和生产工艺中与质量有关的技术要求,生产部门负责与加工过程有关的质量控制,质量检验部门负责医疗器械质量检验控制等;三是质量检机构应独立、客观地开展检验工作,能保证不受来自各方的干扰和压力;四是检验人员应在开始检测前核查检验仪器和设备的校准状态确保在有效期内,并严格执行操作规程和检验作业指导书。

6. 相关法规的规定

在《医疗器械监督管理条例》的第二十条和《医疗器械生产监督管理办法》的第七条都明确要求,从事医疗器械生产,应当具备对生产的医疗器械进行质量检验的机构或者专职检验人员以及检验设备,有保证医疗器械质量的管理制度;在 YY/T0287(ISO13485)《医疗器械 质量管理体系 用于法规的要求》的第 7 章"产品实现"中也提出应进行"监视和测量装置的控制"。

■ 检查要点

1. 查阅质量管理体系文件中的医疗器械质量控制程序文件或相关文件,在有关文件中是否对包括检验部门在内的所有与质量控制有关的部门的职责、检验部门的设置、检验人员及检验人员应执行检验操作规程等要求做出规定;是否对检验仪器和设备的使用、校准等,以及产品放行的程序做出了规定。

2. 检查是否按文件规定设置了独立的质量检验部门,具有能满足检验工作量和检验岗位要求的检验人员。

3. 检查质量检验人员包括生产过程中质检人员的资质,例如,有相关专业学历或相关专业工作经历或经过相关专业培训等,对验结果有影响的检验仪器和设备的操作人员是否经过授权。

■ 检查方法

本条款的检查可采取检查体系文件、人员技术档案和询问或观察检验人员操作的方式进行。查阅质量控制程序文件或相关文件,其对包括检验部门在内与质量控制相关部门的职责、对检验人员资质和执行检验操作规程等的规定的内容是否完善;核查检验人员技术档案,所学专业或经历或培训是否能满足岗位需求,必要时可对相关知识进行现场询问,若通过交谈感觉检验人员技术能力有问题时,可安排现场试验或模拟实验考察检验人员的操作技能。核查检验人员数量和岗位是否与检验工作量相适应。

> **第五十七条** 检验仪器和设备的管理使用应当符合以下要求:
>
> (一)定期对检验仪器和设备进行校准或者检定,并予以标识;
>
> (二)规定检验仪器和设备在搬运、维护、贮存期间的防护要求,防止检验结果失准;
>
> (三)发现检验仪器和设备不符合要求时,应当对以往检验结果进行评价,并保存验证记录;
>
> (四)对于用于检验的计算机软件,应当确认。

(一)条款解读

本条款是《医疗器械生产质量管理规范》对检验仪器和设备使用管理的要求。

只有检验仪器和设备处于良好的运行状态,才能保障检验工作的正常开展,并获得准确、可靠的检验数据。所以,生产企业必须对检验仪器和设备的使用管理在质量管理体系文件中做出规定,并按文件规定进行管理使用。

1. 档案管理

检验仪器和设备经过安装、调试、验收后,应建立设备档案。设备档案应以台为单位成卷管理,并应有卷内目录。设备档案应至少包括以下资料:设备名称、型号、唯一性的编号、制造商名称等;随机文件(使用说明书、检测合格证、装箱单、软件等);校准或检定证书(测试报告);设备验收记录或报告;使用、保养与维修记录;操作规程等。其他需要入档的资料(如果有):设备维护保养计划;外文使用说明书应有译文;设备的任何损坏、故障、改装等。

2. 校准或检定

校准是指在规定条件下的一组操作,其第一步是确定由测量标准提供的量值与相应示值之间的关系,第二步则是用此信息确定由示值获得测量结果的关系,这里测量标准提供的量值与相应示值都具有测量不确定度;不确定度是根据地所用到的信息,表征赋予被测量值分散性的非负参数;检定是指查明和确认测量仪器符合法定要求的活动,它包括检查、加标记和(或)出具检定证书。

校准和检定的区别:

(1) 性质不同:校准是自愿的溯源行为,而检定是具有法制性。但若国家规范要求时,校准就是强制性的要求。

(2) 内容不同:校准主要确定测量设备的示值误差或给修正值,检定则是对其计量特性和技术要求符合性的全面评定。

(3) 依据不同:校准依据的是校准规范或方法,检定依据检定规程。

(4) 结果不同:校准通常不判断测量设备合格与否,检定则必须做出合格与否的结论。

(5) 证书不同:校准结果出具校准证书或报告,一般不给校准周期,其性能可能产生的变化由客户自己考虑,有的机构可能会给出报告有效期。检定结果若合格出具检定证书,给检定周期。

检定合格的检验仪器和设备不一定适用于检测项目的要求,检定不合格的有时可降级使用,这取决于对检测项目的要求(测量范围、准确度等)。所以不论是校准还是检定的检验仪器和设备或计量器具,校准或计量完成后,应对其结果进行审查或确认,以确定是否满足企业所进行的检测要求。

检验仪器和设备在投入使用前必须进行校准或检定,对于需按压力容器管理的压力容器等需要进行强制安全检验的还要由相关部门进行检验并合格方能使用。检验仪器和设备投入使用后,还应按规定的期限和计划进行周期校准或检定,应有校准或检定证书。只要可行,应使用标签或其他标识表明其校准或检定状态,标识上应体现校准或检定日期、失效日期或有效和期限。检验人员只能使用符合以下要求的设备:一是安装、调试完成,并验收合格;二是满足检测工作或标准规范的要求;三是贴有计量合格证或准用证;四是配备了必要的操作规程。

3. 搬运、维护和贮存

检验仪器和设备在搬运、维护、贮存期间,其性能和精确度应保持完好。搬运时应采取适当的防护措施,严禁剧烈碰撞或颠簸;应按照使用说明书对设备定期进行维护并有记录,应由了解其工作性能、熟悉其工作原理和检测精度的操作者或专业工程技术人员进行维护;贮存期间应保持原包装,贮存环境应符合要求,以防止损坏或失准,影响检测结果。

4. 出现异常的处置

检验仪器和设备在使用过程中过载或处置不当、给出可疑结果,或已显示出缺陷等不符合要求时,均应停止使用,立即隔离以防误用,或加贴标签、标记以清晰表明该设备已停用,直至修复并通过校准或检定表明能正常工作为止。应当引起特别重视和注意的是,应对以往检验结果进行追溯和评价,直至有证据或经过验证证明其检验结果是正确的为止,并保存评价或验证记录。故障分析报告和维修记录应归入设备档案。

5. 检验软件的确认

对于用于医疗器械质量检验的计算机软件,在初次使用前要进行确认,确保其满足预期用途的能力,必要时还要进行再确认。

(1) 安装确认(IQ):目的是保证系统的安装符合设计标准,并保证所需技术资料俱全,包括操作规程(SOP)。

(2) 运行确认(OQ):目的是保证系统和运作符合需求要求,确认系统的数据采集及存贮功,如:准确的采集、贮存和检索数据;确认数据的输出长度、进位及空值、零及负值的处理能力;自动将数据存档并保存至指定时期。

(3) 性能确认(PQ):目的是确认系统运行过程的有效性和稳定性,应在正常工作环境下重复进行测试。

当确认所有的验证结果符合预先设定的可接受标准,验证报告已得到相关人员审批并完成人员培训后,计算机系统可被投入正式使用。

(二) 检查要点

1. 检查企业是否制定了检验仪器和设备管理使用的文件,文件内容是否包含定期校准或者检定并予以标识、搬运和维护及贮存期间的防护要求、发现不符合要求时应对以往检验结果进行评价并保存验证记录、对于用于检验的计算机软件进行确认的内容。

2. 检查企业是否制定并执行检验仪器和设备的周期校准或检定计划,检查检验仪器和设备的校准或检定证书。

3. 现场查验检验仪器和设备有无明显的校准或检定状态标识,是否在有效期内使用。

4. 检查检验仪器和设备的使用、维护、维修记录,当发现检验仪器设备不符合要求的情况,需要进一步检查是否对以往检测结果的有效性进行了评价,检查保存的相关记录。

5. 检查用于检验的计算机软件,是否进行了确认。

(三) 检查方法

通过查阅企业质量管理体系文件、检验仪器和设备档案,检查检验仪器和设备管理使用的规定及其内容的完整性、周期校准或检定计划、校准或检定证书、维修记录等。若发现检验仪器设备不符合要求的情况,应当追查对以往检测的结果进行评价的记录;若有用于检验的计算机软件,查其确认记录。在参观生产现场或实验室时,查看检验仪器和设备有无明显的校准或检定状态标识及其有效期限。

> **第五十八条** 企业应当根据强制性标准以及经注册或备案的产品技术要求制定产品的检验规程,并出具相应的检验报告或证书。
>
> 需要常规控制的进货检验、过程检验和成品检验项目原则上不得进行委托检验。对于检验条件和设备要求较高,确需委托检验的项目,可委托具有资质的机构进行检验,以证明产品符合强制性标准和经注册或者备案的产品技术要求。

(一) 条款解读

本条款是《医疗器械生产质量管理规范》对企业所生产医疗器械进行质量检验的要求,包括制定检验规程、出具检验报告或证书。第二款规定了原则上不得委托检验的项目,以及确需委托检验的情况及要求。

医疗器械的质量必须符合强制性国家标准、行业标准以及经注册或备案的产品技术要求的要求。《医疗器械注册管理办法》第十五条要求,申请人或者备案人应当编制拟注册或者备案医疗器械的产品技术要求;产品技术要求主要包括医疗器械成品的性能指标和检验方法,其中性能指标是指可进行客观判定的成品的功能性、安全性指标以及与质量控制相关的其他指标;在中国上市的医疗器械应当符合经注册核准或者备案的产品技术要求。这就要求企业为了使生产的医疗器械符合强制性国家标准和行业标准及注册或备案的产品技术要求的要求,制定进货检验、过程检验和最终成品检验的检验规程,检验规程至少应包括检验依据或检验项目、检测方法、抽样方案、抽样方法、判定与接收准则等,并严格按检验规程进行检验,做好检验原始记录和(或)出具检验报告或证书。

1. 进货检验

进货检验是对原材料、辅料和包装材料及相关规范或医疗器械监管部门允许的外协件、外购件、委托加工的产品等的检验。进货检验的项目和方法一般根据原材料、辅料和外购件的国家、行业或地方标准,外协件技术协议和配套件的产品标准等进行确定。重点是要控制影响最终产品主要性能和生产过程工艺性能的项目。凡是有国家标准或行业标准的产品应当执行国家标准、行业标准,企业制定的内部控制标准或检验规范不能低于国家标准或行业标准的要求,并使用标准的有效版本。如GB15593《输血(液)器具用软聚氯乙烯塑料》、GB15811《一次性使用无菌注射针》、GB18671《一次性使用静脉输液针》、YY0114《医用输液、输血、注射器用聚乙烯专用料》、YY0242《医用输液、输血、注射器用聚丙烯专用料》、YY/T0243《一次性使用无菌注射器用橡胶活塞》等。无国家标准或行业标准的产品应由企业制定进货检验规范或标准,内容必须包括技术要求、试验方法、检验规则等。企业严格按照进货检验规程对各种原辅材料、外购外协件进行检验,并做好记录,确保未经检验或经检验不合格的原辅材料、外购外协件不投入生产。

2. 过程检验

过程检验(工序检验)是指对生产过程中的毛坯、零件、部件或组件或中间产品的质量所进行的检验或重要的工艺参数的检验。企业应当在质量计划或检验计划中规定的检验点或控制点按检验规程进行检验。质量检验的目的是为了保证每道工序的质量,避免不合格品的进一步加工或流入下道工序。过程检验的项目一般按产品技术要求并结合工艺文件规定的工艺要求进行确定,由于产品不同、工序不同,工序检验的项目就不同。企业应当对医疗器械的每个零件、部件或组件、半成品制定检验规程,过程检验一般采取操作者自检和检验员专检相结合。从事过程检验的人员也应当具有一定的经验或经过相关的培训,以保证检验的质量。

3. 成品出厂检验

成品检验是对最终产品进行的检验,是全面考核产品的质量是否满足设计要求的重要手段,是决定医疗器械是否可以放行的重要依据,经注册或备案的产品技术要求的项目,主要包括医疗器械成品的性能指标和检验方法。所以产品出厂检验的项目不一定全是产品技术要求的项目,其中哪些项目需要出厂检验,产品技术要求中可能并未做出规定,企业应以产品检验规程的形式予以细化和固化,用以指导企业的出厂检验和放行工作,确保出厂的产品质量符合强制性标准以及经注册或者备案的产品技术要求。成品检验应当由有资质的检验人员,严格按照产品出厂检验规程进行检验,做好检验原始记录,并出具检验报告或证书。

4. 关于委托检验

《医疗器械生产质量管理规范》在本条中明确要求,需要常规控制的进货检验、过程检验、成品检验项目,原则上不得进行委托。常规控制的检验项目是指企业根据产品技术要求、产品特性、生产工艺、生产过程、质量管理体系等确定的整个生产过程中各个环节的检验项目,包括进货检验、过程检验(工序检验)、成品出厂检验的项目。对于检验条件和设备要求较高,确需委托检验的项目,如对环境、防护和安装条件等有较高的要求,而且仪器昂贵、对操作人员的专业技术要求高、使用频率很低等,可以委托检验,但需要委托具有医疗器械检验资质的机构进行检验,以证明产品符合强制性标准和经注册或者备案的产品技术要求。关于医疗器械检验机构的资质问题,在我们国家并不是说只要通过了计量部门的认证和(或)实验室的认可就可以从事医疗器械检验,而是需要通过医疗器械检验机构资质认定后,才能从事医疗器械检验工作。

5. 法规要求

《医疗器械监督管理条例》第六条要求:"医疗器械产品应当符合医疗器械强制性国

家标准;尚无强制性国家标准的,应当符合医疗器械强制性行业标准。"《医疗器械监督管理条例》第二十四条规定:"医疗器械生产企业应当按照医疗器械生产质量管理规范的要求,建立健全与所生产医疗器械相适应的质量管理体系并保证其有效运行;严格按照经注册或者备案的产品技术要求组织生产,保证出厂的医疗器械符合强制性标准以及经注册或者备案的产品技术要求。"《医疗器械生产监督管理办法》第四十条也强调"医疗器械生产企业应当按照经注册或者备案的产品技术要求组织生产,保证出厂的医疗器械符合强制性标准以及经注册或者备案的产品技术要求。出厂的医疗器械应当经检验合格并附有合格证明文件。"

关于医疗器械检验机构资质认定,在《医疗器械监督管理条例》五十七条中是这样规定的:"医疗器械检验机构资质认定工作按照国家有关规定实行统一管理。经国务院认证认可监督管理部门会同国务院食品药品监督管理部门认定的检验机构,方可对医疗器械实施检验。"

■ 检查要点

1. 检查企业是否根据强制性标准以及经注册或备案的产品技术要求制定了常规控制的进货检验、过程检验和成品检验规程,检验规程的内容是否齐全。

2. 检查企业是否对影响医疗器械质量的所有外购原、辅材料、零部件、外协件、委托生产的产品和所有的生产过程或工序加工的零件、部件或组件、半成品及成品均制定了检验规程。并确认检验规程的项目是否涵盖强制性标准以及经注册或者备案的产品技术要求的性能指标要求。

3. 检查质量检验记录是否能够证实产品符合要求,是否根据检验规程及检验结果出具相应的检验报告或证书。

4. 若有委托检验的项目,分析是否为常规控制项目中符合委托要求的项目,受托单位是否是有资质的医疗器械检验机构。

■ 检查方法

查阅企业制定的检验规程、检验规范或检验标准,其中涉及的检验依据、检验项目、检验方法是否符合强制性标准及产品技术要求的要求,并按检验规程和检验规范或检验标准的要求,对所生产的医疗器械进行了进货检验、过程检验和成品检验。若有委托检验是否符合规定的委托的条件和受托方的资质要求。对于受托方是否有资质的问题,可让企业提供向受托方索取的由资质认定机构出具的实验室检测能力范围(表),看其中是否包含委托的产品和项目。

第五十九条 每批(台)产品应当有检验记录,并满足可追溯性的要求,检验记录应当包括进货检验、过程检验和成品检验记录、检验报告或者证书等。

■ 条款解读

本条款是对医疗器械检验记录及其管理的要求,包括可追溯性及内容的要求。

批号是用于识别一个特定批的具有唯一性的数字和(或)字母的组合。生产批是指在一段时间内,同一工艺、同一原材料、同样的环境和设备下连续生产出的具有同一性质和质量的产品。生产批号就是在生产中,虽然投放的原料、零配件和采用的加工工艺相同,但是每一批投料生产出来的产品,在质量特性上还是有差异的,为了事后追溯这批产品有关质量或责任问题,所以除了大型医疗设备实施编号管理外,其他成批量生产的医疗器械一般都实施批号管理,可能对于批量生产的中、小型医疗设备既有批号,又有编号。每一生产批的医疗器械都有相应的生产批号,每一台医疗设备都有相应的编号。医疗器械的批(台)记录,一般应当包括批生产记录和批检验记录,本条款只涉及批检验记录。

1. 检验记录的作用

批(台)检验记录记载了该批(台)医疗器械检验过程对企业质量管理体系和《医疗器械生产质量管理规范》的执行情况,所以,批(台)检验记录是医疗器械质量保证的重要证据,也是医疗器械监管部门进行《医疗器械生产质量管理规范》检查的主要依据之一,而且作为对有缺陷医疗器械的调查与追溯的依据。批(台)号是每一批(台)医疗器械的唯一性标识,其作用是非常多的,但其中有最重要的作用,就是满足可追溯性的要求。根据批(台)号追查到生产过程的各种质量记录,通过这些记录可以追溯该批医疗器械原料来源、外购件(如原料、零件批号、供应商等)和医疗器械检验过程的相关信息。因此,在批(台)检验记录的管理和医疗器械质量追溯时,是以医疗器械的批(编)号为核心的。

2. 检验记录的要求

为保障医疗器械的安全有效,每批(台)医疗器械都应有满足可追溯性要求的检验记录和检验报告。检验记录既是出具检验报告的依据,又是医疗器械质量分析的原始资料,也是采取纠正和(或)预防措施及实现质量可追溯的重要信息。因此,应对检验记录有足够的重视,检验记录应做到原始、完整、准确、真实、及时、规范,数据处理应符合误差分析和有关技术标准的规定。记录上必须有记录人签名,有审核或批准要求的,应按文件规定要求审核批准。检验结果通常应以检验报告的形式出具,应准确、清晰、明确和客观地报告每一项检验,或一系列的检验结果,并符合检验标准中规定的要求。检验报告还应做到结论正确、易于理解。检验报告内容一般包括:产品名称、编号或批号、规格型号、抽样数量、检验数量、检验日期、检验依据、技术要求、检验结果、结论、签署、报告日期等。批(台)检验记录应当包括所用原、辅材料、外购零件、配(部)件的进货检验记录和(或)报告;根据产品加工工艺的特性、各生产过程对最终成品的影响以及风险的大小来决定的每个零件和(或)配(部)件的过程检验记录和(或)报告;成品的检验记录和(或)报告或证书。而且,这些记录和(或)报告的附加信息也要足够,能满足可追溯性的要求。

3. 检验记录的管理

企业应按照质量手册中的记录控制程序,包括对记录的收集、标识、保管、检索、保存期限和处置等要求,对检验批(台)记录进行管理,并且应按批号归档,保存期限应至少相当于规定的医疗器械的寿命期,如果医疗器械的寿命期或有效期小于 2 年的,但从放行医疗器械的日期起不少于 2 年,或按相关法规要求规定。

4. 法规要求

在《医疗器械生产监督管理办法》的第四十七条要求,医疗器械生产企业应当对原材料采购、生产、检验等过程进行记录。记录应当真实、准确、完整,并符合可追溯的要求。在 YY/T 0287(ISO13485)《医疗器械 质量管理体系 用于法规的要求》第 7 章 7.5 生产和服务提供中提出要"实施监视和测量"的要求。

■ 检查要点

1. 检查进货检验、过程检验、成品检验记录和(或)报告,是否对影响医疗器械质量的所有外购原、辅材料、零部件、外协件、委托生产的产品和所有的生产过程或工序加工的零件、部件或组件、半成品都进行了检验。

2. 检验记录和(或)报告所承载的信息是否充分和能够使试验重现,并能满足可追溯性的要求。

■ 检查方法

本条款检查可采取逆向检查法。在企业查看生产现场时,从成品库中随机确定几批(台)医疗器械并记下其批(编)号,首先检查成品记录和检验报告或证书,并通过成品检验记录和报告或证书上的批号等信息,借助各种记录包括生产记录和(或)检验记录等承载的信息,追溯组装到该医疗器械上的所有关键零部件,并检查其过程检验记录;再借助相关记录继续追溯加工这些零部件的主要外购原、辅材料、外购外协件等,并检查相应的进货检验记录和(或)报告。

第六十条 企业应当规定产品放行程序、条件和放行批准要求。放行的产品应当附有合格证明。

■ 条款解读

本条款是对企业所生产的医疗器械成品放行程序的要求。企业应在风险分析的基础上，策划和规定产品放行的要求，包括放行条件、程序和批准等。

1. 产品放行的条件

产品必须在成品检验合格、原辅材料包括包装材料和外购及外协件的进货检验合格、生产过程中加工的零件和部件或组件的过程检验合格，而且所有生产过程均符合《医疗器械生产质量管理规范》要求的条件下，才能执行放行程序。产品放行程序至少应当包括，放行申请、审核、批准等。

2. 产品放行的审核与批准

医疗器械成品批准放行前应由质量保证部门对有关记录进行审核，审核内容至少应包括由生产部门审核过的批生产记录、由质量检验部门审核过的批检验记录(进货检验、过程或工序检验、成品检验均合格的记录和(或)报告)，需要时，如无菌医疗器械，还应包括生产过程中使用的工艺用水按规定进行监测且监测结果符合工艺规定、生产环境按规定进行监测且监测结果符合工艺规、最终产品的有效期已做出规定等。按照企业文件规定的有资格放行的人员审核批准，并填写成品审核放行记录。只有进货检验、过程检验和成品检验均完成后，有证据证明符合强制性国家标准、行业标准和经注册或备案的《产品技术要求》的医疗器械才能允许放行。医疗器械放行时应附合格证明。

对于批准成品医疗器械放行的人一般应要求其熟悉国家医疗器械监督管理方面的相关法律、法规、规章；熟悉医疗器械生产、质量管理过程；具有相关专业知识或足够年限的相关工作经验，若不是医疗器械的企业负责人进行批准，应由企业负责人授权，并负有医疗器械质量的职责，以确保每批(台)医疗器械产品按照《医疗器械生产质量管理规范》要求组织生产并按程序规定放行产品。

3. 法规对产品放行的要求

在《医疗器械生产监督管理办法》的第四十条要求，医疗器械生产企业应当按照经注册或者备案的产品技术要求组织生产，保证出厂的医疗器械符合强制性标准以及经注册或者备案的产品技术要求。出厂的医疗器械应当经检验合格并附有合格证明文件。在YY/T0287(ISO13485)《医疗器械 质量管理体系 用于法规的要求》第7章7.5生产和服务提供中也对产品放行提出了要求。

■ 检查要点

1. 检查放行的程序文件,是对医疗器械放行程序、放行条件和放行批准等做出了明确的规定。

2. 检查医疗器械放行的控制记录,是否能确保只有进货检验、过程检验和成品检验均完成后才能放行。

3. 检查产品放行是否经有放行资格人的批准。

4. 检查合格证的信息是否充分,是否符合相关法规的要求。

■ 检查方法

查阅质量管理体系文件时,检查企业是否制定了医疗器械放行程序文件,其内容是否包括放行程序、条件和批准;查验医疗器械合格证的信息是否符合要求。

第六十一条 企业应当根据产品和工艺特点制定留样管理规定,按规定进行留样,并保持留样观察记录。

■ 条款解读

本条款是对医疗器械留样管理的要求,包括制定管理规定、按规定留样并保持记录。

留样是指企业按规定保存的、用于质量追溯或调查分析的原材料和(或)零件(元件)和(或)部件(组件)和(或)半成品或最终产品的样品或样机,也就是说留样不一定是留成品。

1. 留样的作用

一是为掌握产品有效期内的质量特性,通过对留样进行测试或评价,掌握产品质量水平;二是对于像无菌医疗器械等有使用期限要求的,可利用留样验证在规定的贮存条件和规定期限内的产品有效性(有效期),为改进工艺,制定使用有效期提供科学依据;三是为确保产品的可追溯性及作为质量争议时的仲裁依据,当发生产品质量纠纷时,可以对留样进行检验便于质量纠纷的处理。

2. 对留样的要求

留样可分一般留样和重点留样,一般留样是按生产批或按关键原材料、零配件(组件)的投料(件)批留样;重点留样可按一定时间间隔或批数间隔留样,做了重点留样的同批次产品,不必再做一般留样。当出现下列情况时应重点留样:产品投产时、产品结构设计或生产工艺或关键材料有较大变化时、生产环境或设备包括关键工装有较大变化时。当然,并非所有的医疗器械都适合留样或需要留样,所以,企业应在质量管理体系文件中应对产品是否需要留样,怎样留样及对留样的管理做出科学、合理的说明和规定,明确产品留样的目的,根据留样目的,结合产品和工艺特点确定留样方式(如,无菌医疗器械是按生产批留样还是按灭菌批留样),留样间隔及选择是对重要原材料和(或)关键外购零(元)件和(或)委托加工件和(或)半成品或成品进行留样,留样数量应能满足留样目的的需要。

3. 留样管理

企业应当制定留样管理办法、建立留样台帐、确定留样观察和(或)留样检验项目,指定专人负责,应做好留样观察和(或)检验记录,记录内容应有产品名称、规格型号、批号或编号、生产日期、留样数量、留样时间、留样人、观察或检验项目及观察情况等。并保持留样观察和(或)检验记录,并做好信息反馈工作。留样室的环境条件应与有关样品要求的贮存条件相同。留样期限应不少于医疗器械的有效期或使用寿命。

■ **检查要点**

1. 检查留样管理办法中对留样目的、留样方式、取样办法等的规定,留样数量是怎样确定的,是否能满足留样目的的要求。

2. 现场查看留样室的条件,若为主要原材料或关键零配件是否能满足要求的储存条件,对于成品是否与备案或注册的产品使用说明书上规定的储存条件相一致。

3. 检查留样观察和(或)留样验验记录,是否按留样的目的进行了相关的观察或检验并对其结果进行了分析和评审,以达到留样的目的。

■ **检查方法**

检查留样室时,查看现场环境条件是否满足留样要求,询问留样目的,检查留样数量,与质量管理体系文件中的相关规定进行比较,跟踪几个留样的观察和(或)留样检验记录,并检查其结果的信息反馈与应用情况。

三、注意事项

1. 计量部门的资质或认可的能力范围中若没有包括该检验仪器和设备及计量器具或相关项目,其出具的校准/检定或测试报告是无效的。

2. 检验仪器和设备经过搬运并重新进行了安装、调试,重新投入使用前应进行校准/

检定或测试。

3. 委托检验是否符合规定的要求,检验单位是否具有相关产品或参数的检验资质和能力。

4. 医疗器械放行审核或批准的依据是否能证明其符合了强制性国家和行业标准及注册或备案时的产品技术要求。

5. 放置合格证的时机是否适当,由于特殊原因导致合格证明需要提前放置,是否规定了一旦出现不合格时的措施并能得到有效控制。

6. 产品留样方式与留样目的不相适应。

 常见问题和案例分析

◎ 常见问题

1. 检验部门和人员

(1) 质量检验部门不是独立设置或是独立设置但与生产管理部门由同一领导分管。

(2) 检验人员的资质或经历或培训不满足检验岗位的要求;配置的检验人员数量与检验工作量不适应。

2. 检验仪器和设备

(1) 检验仪器和设备经过安装、调试、验收后投入使用前未经过校准/检定,直接使用出厂时的校准或测试证书。

(2) 检验仪器检验和设备出现异常或不符合要求时,未对以往的检验结果进行追溯评价。

(3) 用于检验的计算机软件初次使用时未进行确认。

3. 检验记录和报告

(1) 检验记录和报告的信息不充分,不能满足可追溯性的要求。

(2) 检验记录的更改不符合规定的要求。

4. 产品放行

(1) 产品放行批准人不是企业负责人,但没有经过企业负责人的制空权。

(2) 质量体系的相关文件中未对产品放行批准人职责规定。

5. 产品留样

（1）产品留样数量满足不了留样目的所要求的检验数量或检验方法的要求。

（2）产品留样的环境条件有要求，但没有环境监控设施。

◎ 典型案例分析

【案例一】

检查员在某企业检查检验实验室时，看到一台万分之一天平前面放置着"停用"的标识。检验人员说在使用天平时发现显示异常，就放上了停用的标识，准备维修，并说修好后经过校准才能用。

分析：发现检验仪器和设备有故障或出现异常不符合要求时，应当考虑该检验仪器或设备到底是什么时间发生故障或出现异常的，是不是以前就出现了问题而没有注意到，所以除立即停止使用、并进行标识、隔离以防止继续带病使用外，还应当对发现仪器损坏或异常这个时间点以前所进行的检验结果倒着往前追溯并进行分析评价，直至有证据证明或通过验证说明某一个时间点以前所进行的检测结果是正确的为止，并保存相关评价和验证记录。

【案例二】

检查员在检查某一次性使用无菌注射器（带针）的生产企业时，实验室发现一台正在使用的做针尖锋利度检测的仪器，贴有校准合格标签，但在查阅检验设备档案时，却没有看到计量部门的校准证书。检验设备管理人员说，这是新进的一台进口检验设备，由厂家的技术人员安装、调试并验收合格，便以设备出厂时带的校准报告作为校准依据贴的标识。

分析：新购进的检验仪器和设备在安装、调试并验收合格，投入使用前必须进行校准。检验设备出厂时所附带的校准证书，只能说明该设备出厂时的状况是符合要求的，但经过长途运输、装卸、安装和调试，可能已经破坏了出厂时的校准状态，即使出厂校准的时间仍然在校准周期所规定的时间内，也必须重新校准。

五、思考题

1. 检验规程至少应包含哪些内容？

2. 发现检验仪器不符合要求时,为什么要对以往检验结果进行评价?

3. 医疗器械放行的条件是什么?

4. 为什么要对产品进行留样?

参考文献

[1]　YY/T0287(ISO13485)医疗器械 质量管理体系 用于法规的要求.

[2]　JJF1001-2011 通用计量术语及定义.

[3]　国家食品药品监督管理总局.医疗器械监管技术基础[M].北京:中国医药科技出版社,2009.

[4]　国家食品药品监督管理总局.医疗器械生产经营监管[M].北京:中国医药科技出版社,2013.

[5]　王建宇.食品药品检验机构仪器设备规范化管理的探讨[J].中国药事,2014,28(5)524-526.

(王延伟)

第十章

销售和售后服务

一、概述

本章对产品的销售和售后服务提出了要求。对产品的销售、服务、安装和顾客反馈提出了建立体系的要求,有效保障了产品在临床的使用。

本章所涉及的销售、服务、安装和顾客反馈属于生产质量管理体系的重要环节。产品的销售是从企业到用户的最后环节,更是产品追溯的重要环节。服务和安装切实关系到用户使用,保障了产品在临床使用的安全性和有效性。用户反馈是产品及质量管理体系改进的重要信息来源,良好的用户反馈信息收集,有助于产品质量的提高。

本章共设立了 6 个条款,从销售活动、安装、售后服务、顾客反馈等方面提出了具体要求。第六十二条提出了销售记录的要求;第六十三条提出了合法销售的要求;第六十四条提出了售后服务的要求;第六十五条提出了安装和验收的要求;第六十六条提出了顾客信息反馈的要求。

二、条款检查指南

> **第六十二条** 企业应当建立产品销售记录,并满足可追溯的要求。销售记录至少包括医疗器械的名称、规格、型号、数量;生产批号、有效期、销售日期、购货单位名称、地址、联系方式等内容。

■ 条款解读

本条款提出了建立产品销售记录和保持销售记录可追溯性的要求,并明确了销售记录应包括的项目。

产品通过销售过程,直接由生产企业流通至客户,或经过医疗器械经营企业(分销商)流通至客户。本条款中虽未明确提及建立销售制度,但是生产企业应建立销售的相关制度要求,以对该过程予以控制,一般应包括合同签署评审的程序及要求,销售记录及追溯性、分销商管理等要求。

另外,条款中提出了对企业销售的要求,并没有明确提出合同评审的要求。企业在实际销售过程工作中,有必要理解和评审所有顾客的订单,合同和期望,以确保这些要求能够得到满足,这些活动以前被认为是"合同评审"。

顾客提供订单的方式在形式上可能有所不同,如可能是书面订单或口头协议、电话订单或通过网上发电子邮件的方式。顾客的需求包括产品的规格型号、运输方式、安装培训、采购数量等具体要求。企业在签署销售合同前,应对顾客的需求进行评审,评价企业满足顾客需求的能力,并保存评审记录。如顾客的需求发生的变更,应对变更的内容予以再次评审,并保证变更的内容已告知相关人员。

生产企业应当根据销售制度及追溯的需求,建立并保持销售记录,根据销售记录应当能够追查到每批(台)产品的售出情况。若销售追溯设计分销商,生产企业应当要求其保持医疗器械分销记录以便追溯。

条款中规定了销售记录应记录的项目,生产企业销售记录的项目应至少满足条款的要求,但不限于此。这些项目可以体现在一份总销售记录中,也可以体现在若干份记录中,如销售台帐和发货单。记录的繁简程度取决于追溯测要求,如果企业规定的追溯范围较大,程度较深,则意味着企业在日常的生产和销售等过程中需要保存更多的记录,要付出更大的管理成本;但是一旦产品出现问题,则能迅速的锁定较为明确的追溯范围,召回的成本则相对较低。

产品追溯包括通过记录的标识方式对产品或活动的历史、应用或场地的追溯能力。当有必要追溯不合格品的根源并确定受到影响的批次剩余产品位置时,就要求有可追溯性。

产品追溯的范围和程度主要取决于产品的使用风险。为了实现产品的追溯,企业在相关程序文件中应明确产品追溯的范围、程度和方法。对于追溯的范围和程度,目前除了植入类医疗器械产品,其他尚未有明确的要求,企业应结合产品使用风险、追溯管理及产品出现问题召回时的成本,制订本企业的追溯要求。

通过批号、序列号、电子方式对产品的标识可以在两个方向进行追溯:向前可追溯到顾客(也称作"器械追踪");向后追溯到制造过程中使用的原材料、组件和过程。如果有必要追踪到产品使用者(如:患者或医院)则向前追溯很重要,向后追溯能够进行质量问题的调查和反馈以防止不合格产品。

■ **检查要点**

1. 检查产品销售相关制度,是否明确销售记录及销售追溯的范围、程度及方法等要求。

2. 检查产品销售记录是否包括医疗器械的名称、规格、型号、数量;生产批号、有效期、销售日期、购货单位名称、地址、联系方式等内容。

3. 检查产品销售记录是否符合可追溯性要求。

■ **检查方法**

1. 核查销售制度及销售记录,应关注本条款要求的所有的销售记录项目,这些项目可体现在一份记录表单里,如《销售台帐》或购买合同;也可体现在不同的记录表单里,如购货单位名称、产品名称、规格、型号、数量;生产批号、有效期、销售日期等项目体现在《销售台帐》,购货单位名称、地址、联系方式等内容体现在《发货单》。

2. 可结合《产品可追溯性控制程序》及销售相关制度,与企业交流沟通,了解产品在销售环节的追溯范围、程度及追溯方法。抽查销售记录,核实核实是否可按照企业规定实现销售环节的可追溯性。

3. 若有分销商负责销售,且涉及追溯的环节,销售协议应包括追溯及记录保存的要求。可结合企业的分销商名录,现场抽取产品销售记录,并要求经销商在规定的一段时间内按照约定的要求提供分销记录,实现产品追溯。

> **第六十三条**　直接销售自产产品或者选择医疗器械经营企业,应当符合医疗器械相关法规和规范要求。发现医疗器械医疗器械经营企业存在违法违规经营行为时,应当及时向当地食品药品监督管理部门报告。

■ **条款解读**

本条款对医疗器械经营提出了应遵守相关法规和规范的要求。

产品销售有直销和分销商分销等各种销售模式,生产企业应保障各种销售模式的经营行为均符合《医疗器械监督管理条例》《医疗器械经营监督管理办法》等相关法规和规范的要求。

生产企业在选择分销商时,应核实分销商的资质,评价其能力,并保存相关资质。一般应核实分销商的《营业执照》《医疗器械经营许可证》等相关资质;核对分销商的经营范围;评价分销商的能力,如是否有必要的存储空间和存储条件的库房,是否能保持必要的销售记录具备实现可追溯性的能力。

生产企业不仅应保证选择合格的分销商,而且有义务监督分销商的经营行为。生产企业若发现医疗机构非法使用医疗器械,或经营企业违法违规经营医疗器械等行为,应及时向当地食品药品监督管理部门报告。

■ 检查要点

1. 查企业对分销商选择及管理的制度要求,应有分销商名录,建立分销商档案,具备相应的经营许可资质证。

2. 对于自产医疗器械,应关注《医疗器械生产许可证》《医疗器械产品注册证》的有效期、批准范围、销售器械与批准产品的符合性等。

3. 对于分销商,应关注《医疗器械经营许可证》的有效期、批准范围等。

■ 检查方法

1. 查相关销售管理制度,并与企业销售人员沟通了解企业对于分销商的管理模式;查分销商名录,并抽查某分销商的档案,核对其档案的齐全性和资质的合法性。

2. 对于分销商除了关注资质,还应结合产品性能,关注分销商的能力;如对于存储有温度控制要求的试剂产品,应关注分销商是否有冷库。

3. 本条款对于分销商的检查,可结合第六十二条销售追溯一并抽样检查。

第六十四条 企业应当具备与所生产产品相适应的售后服务能力,建立健全售后服务制度。应当规定售后服务的要求并建立售后服务记录,并满足可追溯的要求。

■ 条款解读

本条款对生产企业提出了售后服务的要求,企业应建立售后服务制度,保存记录,并满足可追溯性。

器械产品的功能的正常发挥和安全性往往取决于对产品正确使用和维护,因此,生产企业应建立制度规定所提供售后服务的类型和范围。适当时,下列活动可被考虑:明确组织、分销商和使用者之间的服务职责;服务活动的策划,无论是由组织还是由一个独立的代理商完成;产品安装后用于搬运和服务的,有特殊用途的工具或设备的设计和功能确认;在现场服务和试验使用的测量和试验设备的控制;文件的提供和适宜性,包括涉及备用部件或零部件清单以及产品服务的指导书;提供充足的备份文件,包括技术建议和支持、顾客培训、备用部件或零部件的提供;服务人员的培训;提供能胜任的服务人员;对改进产品或服务设计有用的信息反馈;其他的顾客支持性活动。

生产企业可通过提供保修、签订合同或在线公开相关信息等方式提供产品服务。企业应建立健全产品售后服务的制度、作业指导书、参考材料和测量程序;并应对此予以确认。

生产企业应保存服务活动的记录,并满足追溯的要求,如记录提供服务的人员、记录维修更换关键部件的批号。

生产企业有时会将全部或部分的售后服务活动委托给分销商或第三方公司完成,对此企业应明确双方之间的服务责任,如合同、维修、退换货等。对于委托售后服务的,企业也应提供必要的作业指导书、参考材料;在与分销商或第三方公司签署的协议或合同里体现服务的要求和责任;要求其保持服务的记录,并满足追溯要求。

■ 检查要点

1. 检查企业是否制定了产品售后服务的制度,明确了服务内容、职责等内容。

2. 检查企业是否具备提供服务的能力,包括人员和设施、措施。

3. 结合《产品追溯控制程序》及相关文件,检查售后服务记录是否能满足可追溯性要求;若售后服务的追溯涉及经销商,应检查与经销商的协议是否明确了相关追溯记录的要求。

■ 检查方法和技巧

1. 查产品售后服务相关制度,了解企业服务的内容及职责;现场核查企业是否具备必要的服务或维修所需仪器及检测设备;与服务或维修人员沟通,了解服务或维修的内容,核查其培训及评价记录。

2. 结合企业产品追溯的相关要求,抽查售后服务和维修记录,核对是否满足可追溯性。

3. 委托售后服务的,查企业与分销商的协议,协议应明确售后服务和维修的内容及职责;抽查分销商的服务和维修记录。

部分企业的服务和安装均委托分销商或第三方完成,可结合第六十五条安装一并抽样检查。

> **第六十五条** 需要由企业安装的医疗器械,应当确定安装要求和安装验证的接收标准,建立安装和验收记录。
>
> 由使用单位或者其他企业进行安装、维修的,应当提供安装要求、标准和维修零部件、资料、密码等,并进行指导。

■ **条款解读**

本条款第一款对需要生产企业安装的医疗器械提出了相应的要求,包括制定安装要求、验收标准及相关记录;第二款则对由使用单位或这者其他企业进行安装、维修的器械的生产企业提出的要求。

医疗器械的安装是一项在使用地点将器械投入服务的活动。这项活动可包括与公共设施永久性连接(如:供电,管道,废物处理等)、软件的现场安装及相关部件或功能的调试。对安装器械的最终测试应是在器械的使用地点与所有相关设施连接之后进行的。本条款所提及的安装不是指将器械植入患者体内和固定到患者身上。

根据医疗器械产品的特点,有些医疗的安装包括电路的连接、部件的安装调试等内容,需要专业的技术人员进行安装测试,如核磁、X 射线机等产品;有些医疗器械的安装则仅是附件连接、软件设置等简单的操作,也可由使用者自行安装使用,如中频理疗仪、持续正压呼吸机等产品。

生产企业应建立包括医疗器械安装和安装验证接收准则的制度、作业指导书,并保存安装和验收记录。安装的方法及作业指导书应当经过验证。

如医疗器械必须是在使用者的现场进行组装和安装,企业应当提供指导书以指导其正确组装、安装、试验和(或)校准。应当特别注意安全控制机械装置和安全控制线路的正确安装。企业应当提供指导书以使得安装者能确认器械的正确运行,安装或试运行测试的结果应当予以记录。

安装作业指导书和验收作业指导书可以为一份文件,也可为两份文件;可单独形成《安装手册》,也可将其内容在《产品说明书》中体现,部分内容也可以在网络上公示。

如果生产企业授权分销商或第三方机构安装,则应签署协议,明确安装要求、责任等内容。企业应提供安装和安装验证接收准则,提供零部件、参数密码、技术图纸等必要资料,提供对安装人员的培训指导,以确保安装的准确性和有效性。企业还应要求其保持安装和验证记录。

■ 检查要点

1. 检查产品安装的作业指导书和验收标准,核实企业安装服务的能力。

2. 检查产品的安装和验收记录。

3. 若委托分销商或第三方安装的,抽查相关合同或协议,核查是否提供安装要求、标准和维修零部件、资料、密码等,并进行指导。

■ 检查方法和技巧

1. 检查本条款首先应结合产品特点,确定产品是否需要现场安装,并进一步确定产品由生产企业、分销商、第三方或使用者开展安装活动。

2. 查企业是否建立了安装作业指导书和验收标准,核查安装人员的培训及评价记录。抽查产品安装和验收记录,还应满足可追溯性要求。

3. 若企业委托分销商或第三方安装的,查合同或相关协议,抽查产品和验收记录。

第六十六条 企业应当建立顾客反馈处理程序,对顾客反馈信息进行跟踪分析。

■ 条款解读

本条款提出了建立顾客反馈控制程序的要求。企业不仅应建立程序收集顾客反馈,而且应对收集的顾客反馈信息进行分析利用。

顾客反馈,即向顾客提交产品后,要主动了解顾客满意信息,包括主动的收集顾客意见和被动的接受顾客意见和抱怨。

作为对质量管理体系业绩的一种测量,企业应对产品和服务是否满足顾客要求的信息进行监视,顾客的要求是否得到满足。企业可以通过定期开展顾客回访,发放顾客意见调查表,在安装或维修时收集顾客意见,委托第三方公司开展调查,查阅相关领域的刊物等多种渠道获取顾客信息。

对于顾客抱怨,其原因可能涉及多个方面,可能是由于医疗器械在其特性、质量、耐用性、可靠性、安全性及性能等方面存在不足引起,也可能是由于安装、培训等服务引起的,还有可能是由于标签、说明书的易读性等原因引起的。顾客抱怨可能会包含顾客的投诉,企业应评价所收到的任何顾客有关产品的抱怨,评价抱怨时企业应考虑抱怨的性质和引起的原因,是未满足其规范要求还是在使用中出现问题,如对产品符合规范要求的抱怨可能是由于设计缺陷引起的,对操作的抱怨可能表明产品的使用说明书不恰当。

顾客抱怨一般应记录医疗器械名称、抱怨收到的日期、抱怨人的姓名和地址、抱怨的性质、调查结果、纠正的实施、所采取的纠正措施、若未采取措施说明原因、调查的日期、调查人的姓名和对抱怨的答复。

生产企业应当建立顾客反馈程序文件，以提供质量问题的信息反馈和早期报警，且能输入到纠正和预防措施程序中。顾客反馈处理程序。一般应包含以下内容：

（1）接收和处理的职责。

（2）评价并确定反馈意见的主要原因。

（3）采取纠正及纠正措施。

（4）识别、处置顾客返回的产品。

（5）转入纠正措施或预防措施的路径。

与顾客进行有效地沟通是准确和充分理解顾客要求并满足顾客要求，获得顾客反馈信息的重要途径，组织应对如何与顾客沟通做出安排，包括与顾客沟通的内容、时机、方法，沟通后应采取的措施，以及沟通的责任部门和职责。必要时，应针对顾客反馈信息开展纠正或预防措施。

■ **检查要点**

1. 检查企业是否制定顾客反馈控制程序，在该程序种是否明确处理顾客反馈信息的职责、流程、记录等相关要求。

2. 检查是否根据顾客反馈程序的要求，对顾客反馈的选型进行了跟踪分析，必要时，开展了纠正或预防措施。

■ **检查方法和技巧**

1. 查顾客反馈控制程序，了解企业收集顾客信息的渠道及处理程序，核实顾客反馈信息的接收、评价、调查和处理协调的职责是否明确。

2. 抽查顾客反馈记录，核对记录的详实性，是否按照程序经过评价、处理。

3. 可结合数据分析的要求，查顾客反馈意见的汇总分析资料。

4. 本条款的检查可结合规范七十一条的内容一并检查。

常见问题和案例分析

◎ **常见问题**

1. 销售记录中的项目记录不全,如缺失地址。

2. 销售记录不能满足可追溯性的要求。

3. 分销商《医疗器械经营许可证》的经营范围未覆盖销售的产品类别。

4. 未保存服务记录,或服务记录不能满足可追溯性要求。

5. 服务委托给分销商或第三方公司,未签署相关协议。

6. 未制定产品安装、验收的作业指导书。

7. 未保存产品安装记录和验收的记录。

8. 安装委托给分销商或第三方公司,未签署相关协议。

9. 未按照程序的要求对顾客反馈进行处理。

10. 未定期对顾客反馈的意见进行分析汇总。

◎ **案例分析**

【案例一】 查某企业销售环节的产品追溯,《产品的标识和可追溯性控制程序》中要求产品的销售环节能追溯到最终用户,追溯的方法为通过产品编号追查销售台帐和销售合同,从而实现产品的销售环节追溯。检查员随机抽了一个批次的产品,要求企业提供相关记录说明该批次产品的销售的追溯性。

企业销售部员工解释说从销售台帐和产品出库记录实现产品的可追溯性。该员工提供了销售台帐,台帐上能体现产品名称、型号、数量和购货单位。从销售台帐可见该批次的 10 台产品,有 5 台销售给了医院,有 5 台销售给了分销商。随后库管员提供了产品发货记录,能体现 5 台产品的购货单位、收货地址等信息,可实现产品销售环节的追溯。销售部员工又联系到了分销商,要求提供 5 台产品的销售记录,但是分销商未能提供。检查员查企业与该分销商的协议,未能体现保存产品销售记录实现可追溯性的要求。

分析:该案例反映出该企业的销售环节主要存在两个问题。一是,员工对程序文件要求不了解,实际的追溯方法和途径与程序文件要求不一致。员工提供了销售台帐和出库记录,程序文件要求的是通过销售台帐和销售合同,这两种方法最终都能实现对产品销售环节的追溯。实现产品追溯的方法和途径可以有多种,企业应选择最优的方法和途径,写入程序文件,并根据追溯的要求保存相关记录。同时,企业还应对相关部门及人员进行宣贯培训。二是,企业对分销商未进行有效的控制和培训,致使由分销商销售的产品无法实现产品追溯。企业应在与分销商签订合同时,明确双方在产品追溯上的责任和义务,并要求分销商保存相关记录。

【案例二】 在现场检查过程中,企业提供了《顾客反馈控制程序》,但是没有提供相关记录,企业声称产品质量一直很好,没有收到任何顾客投诉,也就没有填写顾客反馈记录。

分析:企业的回答反映出其对顾客反馈概念的认识不清。企业应利用多种渠道,收集顾客反馈信息,了解顾客的需求。收集顾客投诉信息仅仅是收集顾客反馈信息的一种途径,企业还可以通过定期主动开展顾客满意度调查、主动对售出产品开展顾客回访等多种途径收集顾客反馈信息。

四、思考题

1. 企业将服务和安装工作均委托给第三方公司,如何对这种情况开展检查?

2. 在检查环节中,若发现分销商有超出经营范围的经营活动,应如何处理? 现场需要收集企业的哪些文件和记录?

3. 是否需要对顾客反馈的每一条信息都列入纠正措施和预防措施?

参考文献

[1] GB/T 19000-2008/ISO9000:2005 质量管理体系 基础与术语[S]. 2008.

[2] YY/T 0287-2003/ISO13485:2003 医疗器械 质量管理体系 用于法规的要求[S]. 2003.

[3] YY/T 0595-2006/ISO/TR14969:2004 医疗器械 质量管理体系 YY/T 0287-2003 应用指南[S]. 2006.

[4] FDA. Quality System Regulation. CFR 21, Part820 [R]2009 revised.

[5] YY/T0316-2008/ISO14971:2007 医疗器械 风险管理对医疗器械的应用[S]. 2008.

[6] 中华人民共和国国务院. 医疗器械监督管理条例[R]. 2014.3. 国务院第650号令.

(王 辉)

第十一章

不合格品控制

一、概述

ISO13485 中提到,合格:满足要求;不合格:未满足要求;缺陷:未满足与预期或规定用途有关的要求。不合格医疗器械是指质量不符合法定的质量标准或相关法律法规及规章的要求,包括内在质量和外在质量不合格的医疗器械。

企业在实际生产中,可能会出现各种各样的不合格品,如采购的原材料、零部件不合格、生产过程中的半成品不合格、生产出的成品不合格等,通过对不合格品的标识、记录、隔离、评审、处置,防止误用、流入市场,确保没有不合格的产品进入临床使用。

《医疗器械监督管理条例》第五十二条明确规定,医疗器械生产企业发现其生产的医疗器械不符合强制性标准、经注册或者备案的产品技术要求或者存在其他缺陷的,应当立即停止生产,通知相关生产经营企业、使用单位和消费者停止经营和使用,召回已经上市销售的医疗器械,采取补救、销毁等措施,记录相关情况,发布相关信息,并将医疗器械召回和处理情况向食品药品监督管理部门和卫生计生主管部门报告。

本章是对生产企业不合格品控制的要求,以确保整个产品实现过程中不合格品,包括采购物品、过程产品、最终产品及交付后出现的不合格品得到有效识别和控制管理,防止其非预期使用。

二、条款检查指南

第六十七条 企业应当建立不合格品控制程序,规定不合格品控制的部门和人员的职责与权限。

■ 条款解读

本条款是对企业建立不合格品控制程序的要求,内容至少应包括不合格品的定义、确认、处理流程和各部门(人员)对不合格品的处置权限,明确由质量管理部负责对不合格产品实行有效控制管理。

不合格品的来源通常包括:采购的原料、物料进厂检验发现不合格;公司内部生产过程和成品产品不合格;客户投诉发现不合格;国家质量通报不合格(经公司确认系本企业产品)。

部分产品的不合格品按其质量风险程度一般可分为轻微不合格,一般不合格和严重不合格。

质量部门对不合格品的职责权限一般为:检验人员负责不合格品的识别和检验判定;质量主管(质量工程师)负责对不合格品类别判定并签署质管意见,同时有权签署轻微不合格品的处理意见,具体组织不合格品的评审和纠正预防措施;管理者代表(质量负责人)负责签署对轻微以上不合格品的处理意见,组织协调不合格品的处理过程。

生产技术部门对不合格品的职责权限一般为:操作工、主管负责识别、记录、隔离生产过程中的不合格品,负责上报生产过程中不合格品的评审,具体承担生产过程中不合格品纠正预防措施的实施和返工、返修的实施;技术工程师(生产主管)负责签署轻微不合格品评审意见,分析原因并提出纠正预防措施,制定返工、返修方案;生产负责人负责签署对轻微以上不合格品的评审意见,分析原因并提出纠正预防措施,制定返工、返修方案。

物料采购部门对不合格品的职责权限一般为:采购人员负责传递给供应商不合格品的信息,并敦促供应商按要求整改;物料采购部门负责人负责供应商零部件不合格品的评审意见。按照物料对产品影响的重要程度,也可以进一步细分人员的职责。

销售部门对不合格品的职责权限一般为,收集不合格品的反馈意见并上报不合格品评审,具体实施不合格品的召回、销毁。

图11-1是不合格品的控制流程示意图。在该图中根据采购部、生产部、质量部、技术部等的不同职责和权限,对不合格品进行了识别、判定和处置。

不合格品控制程序一般应包括以下内容:目的、适用范围、职责、工作程序等内容,工作程序中应有不合格品的判定、识别、记录和处理等流程。

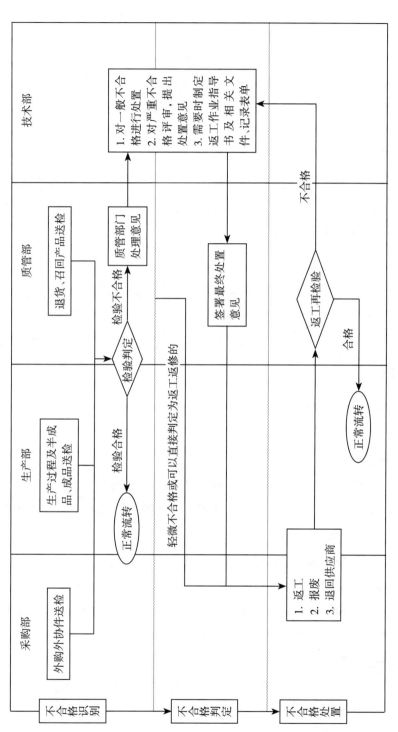

图 11-1　不合格品控制流程

■ 检查要点

1. 查看程序文件,企业是否建立了不合格品控制程序,文件内容具体、可操作,且应符合实际,文件内容应有不合格品控制的部门和人员的职责与权限。

2. 查看文件和记录,重点对不合格品的处置记录进行检查,是否按文件程序执行,不合格品的分类界定、原因分析是否合理,纠正预防措施是否有效。

■ 检查方法

查看程序文件,是否有不合格品控制程序,内容包括了不合格品控制的部门和人员的职责与权限,不合格品的处置等。检查时可结合本章节的其他条款,抽查相关的不合格品处置记录,是否与文件规定一致。

第六十八条　企业应当对不合格品进行标识、记录、隔离、评审,根据评审结果,对不合格品采取相应的处置措施。

■ 条款解读

本条款明确了不合格品的识别和控制要求,包括不合格品的标识、记录、隔离、评审和处置。

1. 不合格品的标识

标识是一种识别的过程,是指对发现的不合格品贴上或打上标记,通过标号、定位、标记或其他物理或电子的方式来表明状态,任何应用于医疗器械和组件,用作表明检验和实验状态的标记材料不宜对产品性能有不良影响,通常会使用醒目的红色标记,内容至少包括品名、批号、来源、操作人员签名等。

2. 不合格品的记录

记录是指发现不合格品后除了将实物进行标识、隔离外,发现人还填写相应的记录,具体描述发现情况。

3. 不合格品的隔离

隔离是指将发现的不合格品在标识后存放于指定的位置。生产过程和仓库一般都设有不合格品的专用储存区域。

4. 不合格品的评审

评审是指对收到的不合格品记录进行原因分析、风险分析,确定整改要求和纠正、预防措施(评审结果)。记录和评审可以是一份文件,也可以是两份文件。

5. 不合格品的处置

可针对不同情形下的不合格品采取不同的处置措施。通常有以下几种情形:

(1) 采购的原料、物料进厂检验发现不合格,可以退货、换货、对进货产品拒收等;对于判定为报废的不合格材料,应有明显的状态标识不能与合格产品混淆,不能进入生产系统,并应安全地进行处置。

(2) 公司内部生产过程和成品产品不合格,可以报废、销毁、返工或返修。

(3) 客户投诉发现不合格,可以退货、换货、现场修理或返修。

(4) 国家质量通报不合格(经公司确认系本企业产品),可以召回、销毁(详见第六十九条)。

■ **检查要点**

1. 现场查看不合格品的标识、隔离是否符合程序文件的规定。

2. 抽查不合格品处理记录,是否按文件的规定进行评审。

3. 核查是否按文件规定的人员职责权限,对不合格品进行标识、记录、隔离、评审、处置,并根据评审结果,对不合格品采取相应的处置措施。

■ **检查方法**

本条款重点核查文件与实际执行的符合性。现场查看是否有不合格品,是否标识清晰,并进行隔离,记录不合格品的信息,追查相关记录。如现场未发现有不合格品,随机抽查不合格物料、中间产品、成品等处置记录,并核实是否按照文件规定进行了记录、评审和处置。整个过程记录清晰齐全,信息完整,包括名称、批号、数量、评审意见、处置措施等信息,并有相关责任人员和部门负责人签字。

> **第六十九条** 在产品销售后发现产品不合格时,企业应当及时采取相应措施,如召回、销毁等。

■ **条款解读**

本条款对产品交付后发生的不合格品处置进行了规定,要求应能满足法规和保障健康的需要。

产品交付后的不合格也应纳入管理,在文件应有描述,并制定相应的处置程序,根据

不合格的影响程度,采取适当的解决措施,如调换、修理、三包、赔偿损失等,在处置程序中还应当包括以下内容:

(1) 确定不合格涉及的产品、如哪个时间阶段生产的,生产所用机器及所涉及的产品范围。

(2) 对不合格产品进行标识,保证其可以与合格产品相区别。

(3) 记录不合格情况及其产生原因。

(4) 评价不合格的性质。

(5) 考虑不合格处置的各种方式,如召回、销毁等。

(6) 根据记录作出处置决定并做好记录。

(7) 对不合格的后续处理进行控制,使其与处置决定相一致。

(8) 通知其他可能受不合格影响的方面,适当时包括受影响的顾客。

(9) 撤回在售产品。

(10) 给顾客发出忠告性通知。

对售后发现不合格,企业可以采取就地销毁方式,也可以召回后统一销毁,但都应做好相应记录,必要时能录制影像资料。

■ 检查要点

1. 查看文件,是否有产品销售后发现产品不合格的要求和规定。

2. 查看制定相应的处置程序,是否结合顾客反馈、不良事件、召回等程序文件的要求。

3. 现场查看在产品销售后发现不合格时的处置措施,是否按照法规规定实施召回、销毁等。

■ 检查方法

查看质量体系文件中是否有相关文件规定销售后发现产品不合格时,企业应当及时采取相应措施,职责权限及所需填写的记录。查看客户反馈信息、市场抽检信息,是否有销售后发现不合格的情况,并追查不合格处置是否按照法规和文件的规定执行。

第七十条 不合格品可以返工的,企业应当编制返工控制文件。返工控制文件包括作业指导书、重新检验和重新验证等内容。不能返工的,应当建立相关处置制度。

■ **条款解读**

本条款对不合格品返工的控制文件。返工的遵循的基本原则是,不得影响产品的质量。不能返工的也应当按照处置文件进行处置。

返工是指将某一生产工序生产的不符合质量标准的中间产品或待包装产品的一部分或全部返回到之前的工序,采用同样的常规生产工艺进行再加工,已符合预定的质量标准。

在文件中对不合格品的处置情况进行分类,可以返工的编制返工控制文件,返工控制文件包括返工的职责和权限,返工过程的识别和评审、返工作业指导书、重新检验和重新验证等内容。不能返工的,应有不合格品处置制度,明确处置方式。

返工控制文件至少包括以下内容:

1. 在文件中要明确允许返工的情况,不是所有的不合格品都允许返工。

2. 在文件中明确作业指导书的要求,包括对一些工艺参数、过程的控制,可能和正常生产过程会有差异。

3. 在文件中明确重新检验和重新验证等内容,返工产品除了按常规产品进行检验外,可以增加检验或试验的要求。

4. 对于不能返工的不合格品,应该有文件明确规定如何处理,详见第六十八条。

■ **检查要点**

1. 查看返工控制文件,是否对可以返工的不合格品作出规定;文件内容是否齐全,是否包括作业指导书、重新检验和重新验证等内容。

2. 抽查返工活动记录,确认是否符合返工控制文件的要求,是否在实际生产过程中能按照文件的要求进行返工生产、检验。

3. 对于不能返工的产品,查看不合格品处置制度,内容是否合理可操作,随机抽查处置记录,记录应齐全,经相应权限人员评审并批准,名称、数量、批号等信息可追溯。

■ **检查方及技巧法**

查看文件和记录,是否有返工控制文件、不合格品处置制度及相关记录。现场查看生产过程中是否出现了不合格品返工,并查看是否按文件要求和流程,进行返工和记录生产检验的数据和内容,必要时进行重新验证。现场未发现的,则随机抽取曾发生过的返工记录,核查是否在实际生产过程中能按照文件的要求进行返工生产、检验。

三、注意事项

1. 不合格包括全过程,检查中对各个环节的不合格品控制都可以进行核查。

2. 根据企业规模和组织机构的设置不同,重点核查不合格品控制文件,应能与实际相符,不能出现两层皮的现象。

3. 发现不合格品的途径都多种,除现场发现外,还可能在进货收货过程中、客户反馈等方面发现。

常见问题和案例分析

◎ 常见问题

1. 在文件中未对不合格品的识别、控制、处置以及人员职责权限进行明确规定;文件内容流于形式,不符合实际,不可操作。

2. 现场发现的不合格品未能按照文件规定的方式进行区分、识别,标示不清。

3. 不合格品处置的记录内容信息不全,不能有效反应处置的审评过程,并进行追溯。

4. 在产品交付后发现的不合格处置后,未及时对已交付的其他不合格产品采取相应的召回、销毁等措施。

5. 返工过程流于形式,未认真按照文件要求进行记录、检验等。

◎ 典型案例分析

【案例一】 在某医疗器械企业生产现场检查时发现,一个蓝色框内有一些无包装、无标识的的产品,企业人员解释为生产过程中的不合格品,待销毁。企业不能提供这些不合格品的记录。

分析:检验状态可通过颜色、区域、印章等进行标识。通过颜色来进行标识时,通常用蓝或绿色表示合格,黄色表示待检,红色表示不合格。对发现的不合格品贴上或打上标记,通常会使用醒目的红色标记,内容至少包括品名,批号,来源,操作人员签名等。对于不合格品的处置,应根据控制文件的要求,在评审后进行处置,所有环节应有记录可查,包括名称、批号、数量、评审记录、报废记录等内容。且应及时销毁。该企业在蓝色框内放置不合格品不能有效进行识别,易造成不必要的混淆,且现场不合格品无记录,不能有效追溯,并进行后续处理。

【案例二】　某高分子产品生产厂家的程序文件中写到,不合格品的处置要企业负责人审批,然而在核查不合格品处置记录时,企业人员说因为产品价值低,且不能返工,就直接处置了,没填记录。

分析:企业应按照程序文件的规定,对不合格品进行标识、记录、隔离、评审,并按照人员的职责权限,对不合格品采取相应的处置措施。考虑到企业的实际情况,对于低值常规的不合格品,可能确实不需要经过负责人的审批。即便如此,企业在按照文件制定程序修改不合格品控制程序之前,还是应当严格按照不合格品控制程序的规定经负责人批准的。而且,无论如何,不合格品的处置记录是不可或缺的。

五、思考题

1. 企业可能产生不合格品的情形有哪些?
2. 不合格品的管理程序包括哪些内容?
3. 对可以返工的不合格产品,返工需经过哪些环节?

参考文献

［1］ 中华人民共和国国务院.医疗器械监督管理条例［R］2014.650.
［2］ 国家食品药品监督管理总局药品认证管理中心,药品GMP指南［M］.北京:中国医药科技出版社,2011.

（沈沁　汪娴）

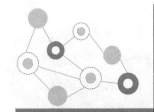

第十二章

不良事件监测、分析和改进

一、概述

不良事件监测、分析和改进是质量管理体系中保证产品和服务实现、质量管理体系有效运行及持续改进的关键环节。产品和服务实现是企业的立足之本,在硬件满足需要的前提下主要依靠质量管理体系有效运行得以保障,由于顾客的需求和期望是不断变化的,加之竞争的压力和技术的发展,这些都促使企业会持续地改进其产品和服务,持续地改进其质量管理体系,以提高企业发展的核心竞争力。概括地讲,核心竞争力是企业长期保持市场竞争力的基石,也是保障质量管理体系运行生命力的根本。

不良事件监测、内审、管理评审、分析改进等是手段,不断提高产品和服务实现的质量才是目标。顾客和其他相关方的反馈、质量管理体系的审核和管理评审都可以用来识别改进的机会,改进则是一种持续的活动,持续改进的目的在于不断提高产品和服务实现的满意率,包括下列活动:分析和评价现状,以识别改进区域;确定改进目标;寻找可能的方法以实现这些目标;评价这些方法并作出选择;实施选定的方法并评价实施的结果;确定改进目标已经实现和识别进一步改进的机会。

本管理环节集中体现了以顾客为关注焦点、基于事实的决策方法、持续改进等八项质量管理的原则。以分析、改进产品和服务以及质量管理体系为核心内容,通过收集顾客投诉、开展不良事件监测、内审、管理评审等工作全面、充分收集信息,并进行科学统计分析,发现产品和服务以及质量管理体系运行中存在的缺陷或潜在的风险,制定并实施切实可行的纠正措施和预防措施,从而提升产品和服务质量,提升质量管理体系运行的充分性、适宜性和有效性,保证生产出安全、有效,合乎质量标准要求的合格产品。

本章的内容包括8个条款,主要对接受和处置顾客投诉、不良事件监测、数据分析、纠正和预防措施、内部审核和管理评审等进行了明确要求。但本部分内容在质量管理体系实施中,涉及医疗器械生产企业的多个部门,需要研发、技术、生产、质检、销售、售后服务等部门共同参与才能完成。

二、条款检查指南

第七十一条 企业应当指定相关部门负责接受、调查、评价和处理顾客投诉,并保持相关记录。

■ 条款解读

本条款是对企业接受和处置顾客投诉的基本要求,包括接受、调查、评价和处理环节。旨在建立联系顾客、解决顾客需求的过程方法,确保顾客的所有需求予以解决,并保持过程可追溯的记录。

顾客作为接受企业产品的组织或个人,具有要求产品满足其需求和期望的权力,顾客投诉是指顾客对企业产品质量或服务上的不满意,而提出的书面或口头上的异议、抗议、索赔和要求解决问题等行为。产品和服务是否可接受最终由顾客来确定。

顾客投诉是每一个将产品推向市场的企业都可能遇到的问题,这就需要企业建立部门、渠道和方法处理顾客投诉,并保持过程可追溯的记录,从而满足顾客对产品质量或预期用途、企业管理或服务等诸多事项不满时的意愿表达,并最终获得公平、合理的解决。

■ 检查要点

1. 检查企业质量管理体系文件中规定的各部门职责是否已将接受、调查、评价和处理顾客投诉的有关职责予以明确。

2. 检查企业质量管理体系文件中是否制定了接受、调查、评价和处理顾客投诉的有关程序和记录表单。

3. 检查企业对顾客投诉处理过程的记录表单,是否按照各部门职责和程序执行。

■ 检查方法和技巧

可采取抽样逆向追踪方法进行检查。例如:从某一年度收集的顾客投诉处理记录中抽取一定数量的投诉处理记录表单,按照记录中涉及的部门、人员调取质量手册查阅相关部门的职责,涉及的评价、处理程序调阅程序文件或管理制度,核实相关部门的职责、程序是否予以确定,实际执行情况是否与文件规定的一致,顾客的投诉是否予以解决,解决的方法需要评审的是否进行了评审。

> **第七十二条**　企业应当按照有关法规的要求建立医疗器械不良事件监测制度,开展不良事件监测和再评价工作,并保持相关记录。

■ 条款解读

本条款明确了企业开展医疗器械不良事件监测和再评价工作要符合法规要求。企业应当建立医疗器械不良事件监测系统,收集、记录医疗器械不良事件信息与医疗器械的质量问题,对收集的信息进行分析,对医疗器械可能存在的缺陷进行调查、评价、处置。

医疗器械不良事件监测和再评价工作的目的旨在通过对医疗器械上市后使用过程中出现的可疑不良事件进行收集、报告、分析和评价,发现和识别上市后医疗器械存在的不合理风险,对存在安全隐患的医疗器械采取有效的控制措施,防止伤害事件的重复发生和蔓延,改进和完善医疗器械性能和功能的要求,降低使用医疗器械而造成伤害的风险,推进企业对新产品的研制和推广,提高产品的安全性,从而保障公众用械安全。

医疗器械不良事件是指获准上市的质量合格的医疗器械在正常使用情况下发生的,导致或者可能导致人体伤害的各种有害事件。

医疗器械不良事件监测是指对医疗器械不良事件的发现、报告、评价和控制的过程。

医疗器械再评价,是指对获准上市的医疗器械的安全性、有效性进行重新评价,并实施相应措施的过程。

开展医疗器械不良事件监测需要企业设立或指定部门并配备专(兼)职人员,按照制定的程序主动收集导致或者可能导致人体伤害的各种有害事件,并对有害事件的原因、危害程度、发生频率等进行分析、制定纠正和预防措施并评价,控制医疗器械不良事件重复发生和蔓延,遵循可疑即报的原则向所在地的不良事件监测技术机构报告严重的或群发的医疗器械不良事件并保持相关的记录。

获准上市的医疗器械只是风险可接受的产品,医疗器械生产企业通过对其上市产品不良事件情况分析、产品设计回顾性研究、质量体系自查结果评审、产品阶段性风险分析等发现产品存在潜在的不合理风险,或通过有关医疗器械安全风险研究文献等渠道,获悉其医疗器械存在安全隐患时,应启动医疗器械再评价并保持实施纪录。

企业建立的涉及本章节内容的质量体系文件和程序应当以法规为依据,同时兼顾具体的质量管理体系实施情况。检查员在对医疗器械生产企业本章节内容实施检查时重点关注合规性和可操作性。

■ 检查要点

1. 检查企业是否制定了医疗器械不良事件监测制度,是否规定了可疑不良事件管理人员的职责、报告原则、报告程序、报告时限等内容且符合法规的要求。

2. 检查企业相关记录是否开展不良事件监测工作,并按规定制度和程序要求实施。

3. 检查企业是否按照法规的要求制定了启动实施医疗器械再评价的程序和文件等,明确医疗器械再评价工作启动条件、评价程序和方法等。

■ 检查方法和技巧

可直接调阅医疗器械不良事件监测、再评价等相关制度或程序,查看内容是否与法规、规章要求一致。也可通过提问和查看相结合的方法进行检查。例如:查看顾客投诉处理记录时挑选出造成顾客伤害的顾客投诉,询问有关人员你们是如何处理的? 请相关人员提供有关的制度、记录,以此为突破口检查企业不良事件监测工作制度、程序及实施情况。

> **第七十三条**　企业应当建立数据分析程序,收集分析与产品质量、不良事件、顾客反馈和质量管理体系运行有关的数据,验证产品安全性和有效性,并保持相关记录。

■ 条款解读

本条款是对企业有目的收集数据、运用适当的统计分析方法、验证产品安全性和有效性、证实质量管理体系适宜性和有效性的基本要求,旨在推进产品和质量管理体系的持续改进。

数据分析是指用适当的统计分析方法对收集来的大量数据进行分析,提取有用信息和形成结论而对数据加以详细研究和概括总结的过程。数据分析是质量管理体系有效运行的基础,数据分析过程的主要活动由识别信息需求、收集数据、分析数据、评价并改进数据分析的有效性组成。识别信息需求是确保数据分析过程有效性的首要条件,可以为收集数据、分析数据提供清晰的目标。识别信息需求是管理者的职责,管理者应根据决策和过程控制的需求,提出对信息的需求,包括从市场调研到售后服务各个过程。收集数据是确保数据分析过程有效性基础,需要对收集数据的内容、渠道、方法进行策划,收集与产品质量、不良事件、顾客反馈和质量管理体系运行有关的数据,应根据信息需求在产品的整个寿命周期有目的地收集有关数据,如采购合格率,不合格品率、销售计划达成率、服务满意率、售后服务热线接通率等并确保数据的真实。分析数据是将收集的数据通过加工、整理和分析、使其转化为信息,企业从数据分析获得的信息中提取有用信息,利用这些信息作为支持评审过程输入、过程输出、资源配置的合理性、过程活动的优化方案和过程异常变异发现等的依据,验证产品安全性和有效性,证实质量管理体系的有效性和适宜性,评价可持续改进产品质量和质量管理体系的纠正和预防措施,持续改进产品和质量管理体系。

分析数据是数据分析全过程中的最重要的一环,是确保数据分析过程有效性的关键,通常用的方法有:老七种工具,即排列图、因果图、分层法、调查表、散布图、直方图、控制图;新七种工具,即关联图、系统图、矩阵图、KJ 法、计划评审技术、PDPC 法、矩阵数据分析。

1. 排列图

排列图是为寻找主要问题或影响质量的主要原因所使用的图。它是由两个纵坐标、一个横坐标、几个按高低顺序依次排列的长方形和一条累计百分比折线所组成的。图 12-1 排列图又称帕累托(柏拉)图。

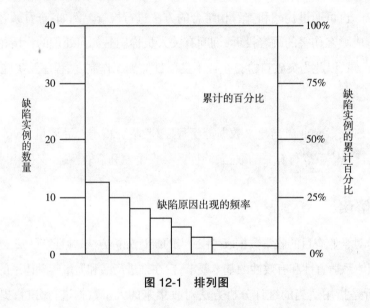

图 12-1　排列图

2. 因果图

因果图又名鱼骨图,是一种发现问题"根本原因"的分析方法(图 12-2)。现代工商管理教育将其划分为问题型、原因型及对策型鱼骨图等几类。

3. 分层法

分层法是把性质相同的问题点,在同一条件下收集的数据归纳在一起,以便进行比较分析(图 12-3)。

分层法又称数据分层法、分类法、分组法、层别法。

数据分层法是统计分析方法之一。因为在实际生产过程中影响质量变动的因素很多,如果不把这些因素区别开来就难以得出变化的规律。数据分层可根据实际情况按多种方式进行。例如,按不同时间、不同班次进行分层,按使用设备的种类进行分层,按原材料的

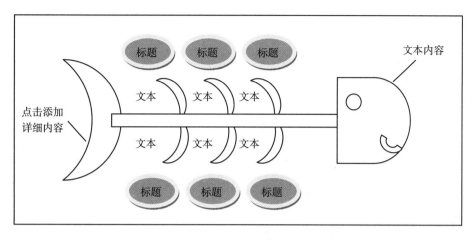

图 12-2　因果图

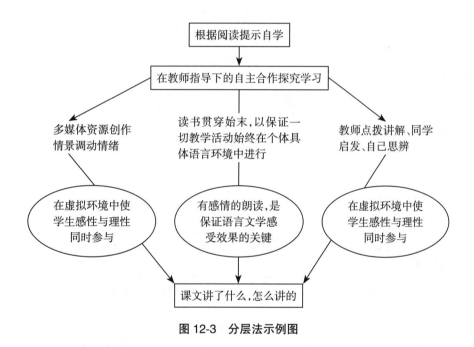

图 12-3　分层法示例图

进料时间,原材料成分进行分层,按检查手段,使用条件进行分层,按不同缺陷项目进行分层,等等。

4. 调查表

调查表又称调查问卷或询问表,是以问题的形式系统地记载调查内容的一种问卷。问卷可以是表格式、卡片式或簿记式。设计问卷,是询问调查的关键。完美的问卷必须具备两个功能,即能将问题传达给被问的人和使被问者乐于回答。要完成这两个功能,问卷设计时应当遵循一定的原则和程序,运用一定的技巧。

一、个人及家庭特征
A1 你的性别：　　　 1 男　　2 女
A2 你的年龄：＿＿岁
A3 你的文化程度
　　1 小学及以下　　　　2 初中
　　3 高中及中专　　　　4 大专及以上
A4 你的职业属于下列哪一类
　　1 生产、运输工人和有关人员
　　2 党政企事业单位负责人
　　3 党政企事业单位一般工作人员
　　4 各类专业技术人员
　　5 商业人员
　　6 服务业人员
　　7 个体经营人员
　　8 离退休人员

图 12-4　调查表

5. 散布图

散布图是用来表示一组成对的数据之间是否有相关性的一种图表。这种成对的数据或许是"特性—要因""特性—特性""要因—要因"的关系。制作散布图的目的是为辨认一个品质特征和一个可能原因因素之间的联系。

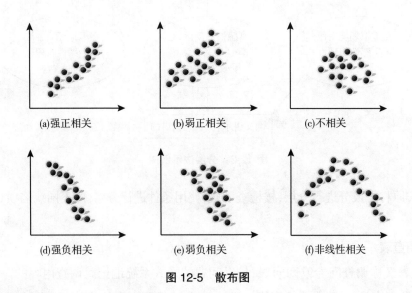

(a)强正相关　　　　(b)弱正相关　　　　(c)不相关

(d)强负相关　　　　(e)弱负相关　　　　(f)非线性相关

图 12-5　散布图

6. 直方图（Histogram）

直方图又称质量分布图。是一种统计报告图，由一系列高度不等的纵向条纹或线段表示数据分布的情况。一般用横轴表示数据类型，纵轴表示分布情况。

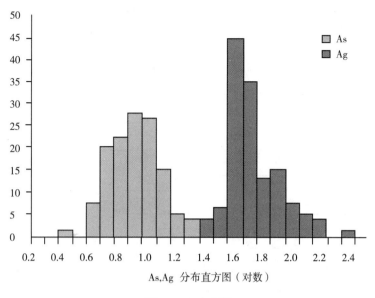

图 12-6　直方图

7. 控制图（Control chart）

控制图就是对生产过程的关键质量特性值进行测定、记录、评估并监测过程是否处于控制状态的一种图形方法。根据假设检验的原理构造一种图,用于监测生产过程是否处

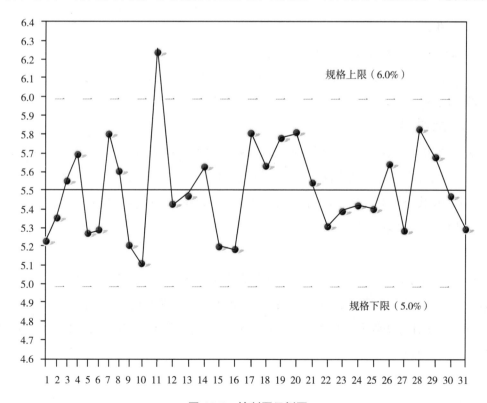

图 12-7　控制图示例图

于控制状态。它是统计质量管理的一种重要手段和工具。

8. 关联图

关联图就是把现象与问题有关系的各种因素串联起来的图形。通过连图可以找出与此问题有关系的一切要素,从而进一步抓住重点问题并寻求解决对策。

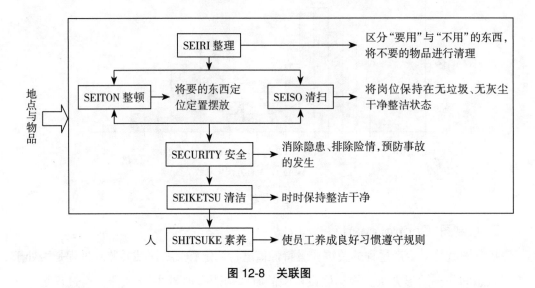

图 12-8　关联图

9. 系统图法

系统图法又叫树图法,是将目的和手段相互联系起来逐级展开的图形表示法。利用它可系统分析问题的原因并确定解决问题的方法。它的具体做法是将把要达到的目的所需要的手段逐级深入。

10. 矩阵图法

矩阵图法是从多维问题的事件中,找出成对的因素,排列成矩阵图,然后根据矩阵图来分析问题,确定关键点的方法,它是一种通过多因素综合思考,探索问题的好方法。从问题事项中,找出成对的因素群,分别排列成行和列,找出其间行与列的相关性或相关程度的大小的一种方法。

11. KJ 法

KJ 法是日本川喜田二郎提出的一种质量管理工具。这一方法是从错综复杂的现象中,用一定的方式来整理思路、抓住思想实质、找出解决问题新途径的方法。KJ 法不同于统计方法。统计方法强调一切用数据说话,而 KJ 法则主要用事实说话,靠"灵感"发现新思想、解决新问题。

12. 计划评审技术

计划评审技术又称 PERT(Program/Project Evaluation and Review Technique)是利用网

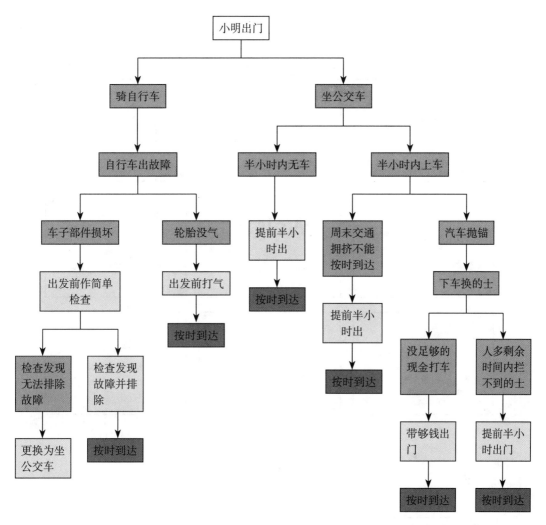

图 12-9 系统图

络分析制定计划以及对计划予以评价的技术。它能协调整个计划的各道工序,合理安排人力、物力、时间、资金,加速计划的完成。在现代计划的编制和分析手段上,PERT 被广泛地使用,是现代项目管理的重要手段和方法。

PERT 网络是一种类似流程图的箭线图。它描绘出项目包含的各种活动的先后次序,标明每项活动的时间或相关的成本。对于 PERT 网络,项目管理者必须考虑要做哪些工作,确定时间之间的依赖关系,辨认出潜在的可能出问题的环节,借助 PERT 还可以方便地比较不同行动方案在进度和成本方面的效果

构造 PERT 图,需要明确四个概念:事件、活动、松弛时间和关键路线。

(1) 事件(events)表示主要活动结束的那一点。

(2) 活动(activities)表示从一个事件到另一个事件之间的过程。

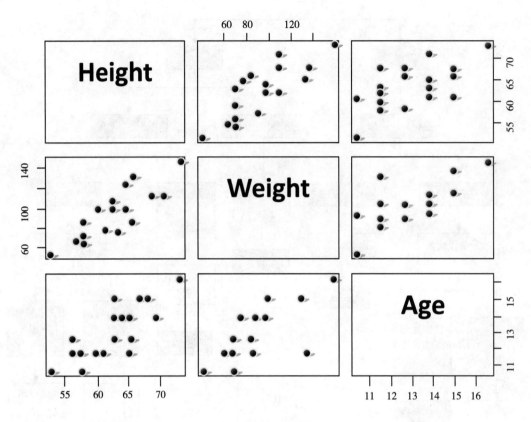

图 12-10 矩阵图

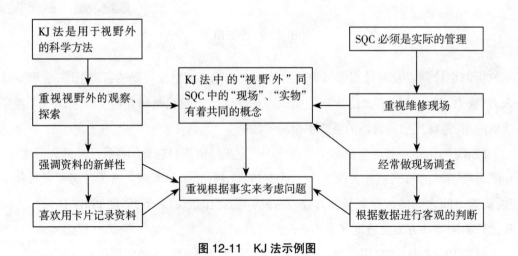

图 12-11 KJ 法示例图

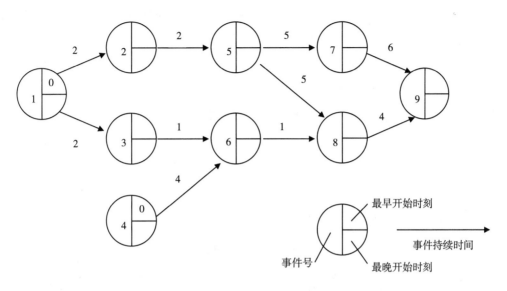

图 12-12　计划评审技术示例图

（3）松弛时间（slack time）不影响完工前提下可能被推迟完成的最大时间。

（4）关键路线（critical path）是 PERT 网络中花费时间最长的事件和活动的序列。

13. PDPC 法（Process Decision Program Chart）

PDPC 法又称为过程决策程序图。所谓 PDPC 法是针对为了达成目标的计划，尽量导向预期理想状态的一种手法。过程决策程序图法（PDPC）是在制定计划阶段或进行系统设计时，事先预测可能发生的障碍（不理想事态或结果），从而设计出一系列对策措施以最大的可能引向最终目标（达到理想结果）。

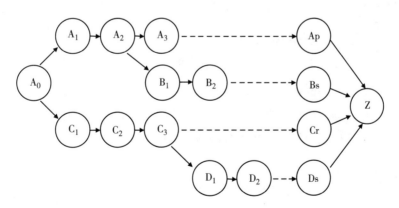

图 12-13　PDPC 法示例图

14. 矩阵数据分析法

矩阵数据分析法它是新的质量管理七种工具之一。矩阵图上各元素间的关系如果能用数据定量化表示，就能更准确地整理和分析结果。这种可以用数据表示的矩阵图法，叫做矩阵数据分析法。 数据矩阵分析法是唯一一种利用数据分析问题的方法,但其结果仍要以图形表示。

数据矩阵分析法的主要方法为主成分分析法(Principal component analysis),利用此法可从原始数据获得许多有益的情报。主成分分析法是一种将多个变量化为少数综合变量的一种多元统计方法,利用此法可从原始数据中获得许多有益的信息,但是由于这种方法需要借电子计算机来求解,且计算复杂,虽然是品质管理新七大手法之一,但在品质管理活动中应用较少。

矩阵数据分析法,与矩阵图法类似。它区别于矩阵图法的是:不是在矩阵图上填符号,而是填数据,形成一个分析数据的矩阵。

表 12-1 矩阵数据表

	A	B	C	D	E	F	G	H
1		易控制	易使用	网络性能	软件兼容	便于维护	总分	权重 %
2	易于控制	0	4	1	3	1	9	26.2
3	易于使用	0.25	0	0.20	0.33	0.25	1.03	3.0
4	网络性能	1	5	0	3	3	12	34.9
5	软件兼容	0.33	3	0.33	0	0.33	4	11.6
6	便于维护	1	4	0.33	3	0	8.33	24.2
	总分之和	34.37						

■ **检查要点**

1. 检查企业是否建立了数据分析程序。

2. 检查企业是否收集了与产品质量、不良事件、顾客反馈和质量管理体系运行有关的数据,并根据数据的类型和特点采用适宜的统计分析方法。

3. 检查企业数据分析的实施记录,是否按程序规定进行,收集的数据是否完整、真实,是否应用了统计技术并保留了数据分析结果的记录。

■ **检查方法**

可通过抽样逆向追溯方法进行检查。例如随机抽取企业今年以来数个数据分析的实施记录,逆向追溯数据的来源、统计分析的方法和决策结果,查看以下内容。

1. 收集数据的目的是否明确,收集的数据是否真实,收集的渠道是否畅通。

2. 企业是否采取了一定的统计方法对数据进行了分析并提取了有用信息。

3. 信息是否在持续改进产品实现过程或质量管理体系中得到有效运用。

第七十四条 企业应当建立纠正措施程序,确定产生问题的原因,采取有效措施,防止相关问题再次发生。

应当建立预防措施程序,确定潜在问题的原因,采取有效措施,防止问题发生。

■ **条款解读**

本条款是对企业制定纠正措施程序和预防措施程序的基本要求,纠正措施和预防措施是产品和质量管理体系持续改进的重要手段。以便在发现产品安全隐患和质量管理体系运行缺陷时及时启动。

制定科学有效的纠正措施和预防措施,需要数据和信息的准确和可靠,需要使用适宜有效的统计方法,对数据和信息进行分析,需要权衡经验与直觉,运用科学的思维方法,从问题的表面现象逐步深入,追究问题产生的根本原因,制定合理的方法、过程,以消除已发现不合格情况的原因和潜在不合格的原因,最终将问题和风险隐患予以解决。

纠正措施是指为消除已发现的不合格或其他不期望情况的原因所采取的措施。预防措施是指为消除潜在不合格或其他潜在不期望情况的原因所采取的措施。

医疗器械生产企业制定的纠正措施程序一般应就以下几个方面的要求作出规定:

1. 不合格(包括顾客抱怨)评审。

2. 不合格的原因确定。

3. 评价确保不合格不再发生的措施的需求。

4. 确定和实施所需的措施,适当时,包括更新文件。

5. 记录任何调查和所采取措施的结果。

6. 所采取的纠正措施和其有效性的评审。

医疗器械生产企业制定的预防措施程序一般应就以下几个方面的要求作出规定:

1. 确定潜在不合格及其原因。

2. 评价防止不合格发生的措施的需求。

3. 确定和实施所需的措施。

4. 记录任何调查和所采取措施的结果和评审所采取的预防措施及其有效性。

■ **检查要点**

1. 应检查企业是否制定了纠正措施程序和预防措施程序。

2. 应检查企业制定的纠正措施程序和预防措施程序内容是否涵盖规定应具有的内容。

3. 应检查企业实施纠正措施和预防措施的记录,采取的纠正措施和预防措施及有效性是否予以评审和确认。

■ **检查方法和技巧**

可通过抽样逆向追溯方法进行检查。例如:抽取企业实施的纠正、预防措施记录,逆向追溯制定纠正措施、预防措施的相关评审纪录,查验实施纠正、预防措施有效性的验证、确认记录,查看参与的人员、程序等是否符合有关程序文件的规定。

> **第七十五条** 对于存在安全隐患的医疗器械,企业应当按照有关法规要求采取召回等措施,并按规定向有关部门报告。

■ **条款解读**

本条款明确了医疗器械生产企业建立的召回制度、报告制度要符合法规的要求,确保医疗器械安全隐患得以有效处置。

获准上市的医疗器械产品在大量使用或长期使用中,可能危及人体健康和生命安全的不合理的风险就有可能出现或暴露。医疗器械生产企业应当建立和完善医疗器械召回制度,收集医疗器械安全的相关信息,对可能存在缺陷的医疗器械进行调查、评估,及时召回存在缺陷的医疗器械。

医疗器械生产企业应对其已上市销售的产品进行调查评估,调查评估的主要内容应包括:

在使用医疗器械过程中是否发生过故障或者伤害;在现有使用环境下是否会造成伤害,是否有科学文献、研究、相关试验或者验证能够解释伤害发生的原因;伤害所涉及的地区范围和人群特点;对人体健康造成的伤害程度;伤害发生的概率;发生伤害的短期和长期后果;其他可能对人体造成伤害的因素。

此外医疗器械生产企业在处理顾客投诉、开展不良事件监测、内审等工作中也会发现产品存在缺陷或者安全风险隐患。

医疗器械生产企业采取产品召回是消除缺陷或隐患实施纠正预防措施的一种重要方式。

根据医疗器械缺陷的严重程度,医疗器械召回分为:

一级召回:使用该医疗器械可能或者已经引起严重健康危害的。

二级召回:使用该医疗器械可能或者已经引起暂时的或者可逆的健康危害的。

三级召回:使用该医疗器械引起危害的可能性较小但仍需要召回的。

医疗器械生产企业做出医疗器械召回决定的应在 5 日内向所在地的食品药品监管部门报告,并在召回完成后 10 日内提交召回总结报告。

医疗器械生产企业做出医疗器械召回决定的,一级召回在 1 日内,二级召回在 3 日内,三级召回在 7 日内,通知到有关医疗器械经营企业、使用单位或者告知使用者。

召回通知至少应当包括以下内容:召回医疗器械名称、批次等基本信息;召回的原因;召回的要求如立即暂停销售和使用该产品、将召回通知转发到相关经营企业或者使用单位等;召回医疗器械的处理方式。

医疗器械生产企业是控制与消除产品缺陷的主体,确认上市产品存在缺陷或安全隐患时,应按照规定的程序,采取警示、检查、修理、重新标签、修改说明书、软件升级、替换、收回、销毁等方式消除其产品的危害,预防大规模产品侵害,维护公共利益,保证使用安全。

■ 检查要点

1. 应检查企业是否建立了医疗器械召回制度、程序和记录。

2. 应检查企业产品召回的启动、召回的分级、召回报告的时限、内容等是否符合法规、规章的要求。

■ 检查方法和技巧

本条款的检查主要突出合法性检查,可直接调阅召回制度、程序等文件,查看内容是否与法规、规章要求一致。

> **第七十六条**　企业应当建立产品信息告知程序,及时将产品变动、使用等补充信息通知使用单位、相关企业或者消费者。

■ 条款解读

本条款是要求医疗器械生产企业建立产品信息告知程序文件,在其产品交付后,能有渠道和途径将产品变动、使用等补充信息及时发布和告知使用单位、相关企业或者消费者。

医疗器械生产企业一般遇有以下情形时,其制定的纠正预防措施会涉及到交付后的

医疗器械产品发生变化:

(1) 顾客需求发生变化,企业原有产品已经不能满足顾客需要。

(2) 技术发展,企业原有产品已经落后。

(3) 相关法律法规及标准变更引起的变化。

(4) 产品设计、设计规范或材料的改变,如供方提供零件、材料或服务发生变化。

(5) 企业内部条件/资源发生变化,如生产过程或方法的改变或对现有的工装及设备进行了重新装配或改造。

(6) 发生不良事件、顾客投诉。

交付后的医疗器械产品发生变化,一般涉及以下情形的医疗器械生产企业应告知使用单位、相关企业或者消费者。

(1) 医疗器械的使用变化。

(2) 医疗器械的改动。

(3) 医疗器械退回组织或医疗器械的销毁。

医疗器械生产企业应有渠道和途径将产品发生变化的信息,如:产品部件调换、使用注意事项更改等补充信息告知使用单位、相关企业或者消费者,信息告知一般应包括下列内容:产品名称及其型号;产品的序号、批号及其他标识;可能产生的危害;随后采取的措施等。

■ 检查要点

1. 检查企业是否建立了产品信息告知程序,是否明确了各相关部门的职责。

2. 检查企业制定的产品信息告知内容是否涵盖规定应具有的内容。

3. 检查信息告知纪录,是否按照程序文件的规定实施。

■ 检查方法和技巧

可直接调阅产品信息告知程序,查看企业制定的程序内容是否齐全并有可操作性,各相关部门的职责是否也予以明确。企业已具体实施过信息告知程序的还可调阅信息告知通知或相关记录,查看是否按照企业规定的信息告知程序实施并保持记录。

> **第七十七条**　企业应当建立质量管理体系内部审核程序,规定审核的准则、范围、频次、参加人员、方法、记录要求、纠正预防措施有效性的评定等内容,以确保质量管理体系符合本规范的要求。

■ 条款解读

本条款是对企业建立质量管理体系内部审核程序的要求,明确该程序应规定审核的准则、范围、频次、参加人员、方法、记录要求、纠正预防措施有效性的评定等内容。

审核是指为获得审核证据,并对其进行客观的评价,以确定满足审核准则的程度所进行的系统的、独立的并且形成文件的过程。内部审核是"审核"形式之一,是企业对实施的质量管理体系进行综合评价的重要质量活动,是企业管理体系在建立与实施过程中自我评价、自我改进、自我完善的有力工具。

内部审核应由企业自行组织,用于内部管理目的,可作为企业自我评价质量体系合格的原始材料和凭证。企业通过系统的、独立的内部抽样检查,发现质量管理体系运行中的问题,制定并实施纠正和预防措施,并对实施的纠正和预防措施有效性予以评审和确认,不断提高企业自我完善质量管理体系的能力。企业应按策划的时间间隔进行内部审核,重点审核质量管理体系是否符合策划的安排,确定质量管理体系是否符合本规范的要求,确定的质量管理体系是否得到有效实施和保持。为确保审核过程的客观性和公证性,实施内部审核要制定审核方案,规定审核的准则、范围、方法、审核员的选择等,审核员不应审核自己负责的工作。

■ 检查要点

1. 检查企业是否建立质量管理体系内部审核程序,是否规定了审核的准则、范围、频次、参加人员、方法、记录要求、纠正预防措施有效性的评定等内容。

2. 检查企业实施内审的方案,是否按照程序规定的审核准则、范围、频次、参加人员等实施内审。

3. 检查企业实施内审的人员是否经过培训,内审的记录是否符合要求,针对内审发现的问题是否采取了纠正措施,是否有效。

■ 检查方法和技巧

可运用查看记录与现场勘查相结合的方法进行检查。调阅内审的方案和记录,查看方案是否按照程序规定的审核准则、范围、频次、参加人员等设计,查看内审记录知晓企业制定的改进措施,调阅评审、验证和确认记录,并在现场勘查时查看具体执行情况。

第七十八条 企业应当定期开展管理评审,对质量管理体系进行评价和审核,以确保其持续的适宜性、充分性和有效性。

■ **条款解读**

本条款要求企业应当定期开展管理评审,重点评审质量管理体系的适宜性、充分性和有效性。

管理评审是企业最高管理者对照质量方针和质量目标,定期和系统地评价质量管理体系的适宜性、充分性、有效性所进行的活动。管理评审应当形成并保持记录。企业负责人应当按照策划的时间间隔评审质量管理体系,以确保其持续的适宜性、充分性和有效性。

质量管理体系的适宜性、充分性和有效性是相互关联、不可分割的整体。有效性是企业建立质量管理体系的根本目的,适宜性、充分性是达到有效性的重要保证。企业的最高管理者围绕适宜性、充分性、有效性对质量管理体系系统的进行评审,根据评审结果及时做出改进决定并采取相应的措施,实现对质量管理体系、产品、过程和资源需求的持续改进。管理评审是最高管理者的职责之一,因此最高管理者应当亲自主持。管理评审的主要任务包括四个方面。

1. 评价质量管理体系适宜性

适宜性指质量管理体系与企业所处的客观情况的适宜过程。这种适宜过程应是动态的,即质量管理体系对环境的变化应具有持续的适宜性,应具备随内外部环境的改变而做相应的调整或改进的能力,确保实现规定的质量管理方针和质量目标的持续有效性。

2. 评价质量管理体系充分性

充分性指质量管理体系对组织全部质量活动过程覆盖和控制过程。即质量管理体系的要求、过程展开和受控是否全面,也可以理解为体系的完善程度。

3. 评价质量管理体系有效性

有效性指组织对完成所策划的活动并达到策划结果的程度所进行的度量,即通过质量管理体系的运行完成体系所需的过程或者活动而达到所设定的质量方针和质量目标的程度,包括与法律法规的符合程度、顾客满意程度等。

4. 评价企业的质量管理体系变更的需求

由于组织内外部环境的变化,可能导致质量管理体系的不适宜;由于过程未识别或已识别的过程未充分展开,可能造成质量管理体系的不充分;由于企业总目标的需求变化,质量方针和质量目标未能全部实现,可能影响质量管理体系的有效性。这些都会导致企业对实施质量管理体系资源需求的变化,企业通过对质量管理体系适宜性、充分性和有效性的评审,判定这些需求并采取相应的措施,实现质量体系的持续改进。

管理评审的输入一般应包括:审核结果、顾客反馈、过程业绩和产品符合性、预防和纠正措施状况、以往管理评审的跟踪措施、可能影响质量管理体系的变更、改进建议、新的或修订的法规要求。管理评审的输入还可以包括培训需求、供方问题、设备需求、工作环境和维护情况等。

管理评审的输出一般应包括与以下方面有关的任何决定和措施：保持质量管理体系及其过程有效性所需的改进；与顾客要求有关的产品的改进；资源需求的变化。管理评审的输出还应当包括针对质量方针与目标所建立的过程及质量管理体系有效性的阐述，并依据不同准则阐述质量目标实现的程度以及修改的评审间隔等。

管理评审的记录也可以采取多种形式：如工作日志记录、正式会议纪要或记录。管理评审记录内容一般应包括参加管理评审的人员及其身分、评审要点、拟采取的纠正预防措施详细描述、实施措施的职能部门及其相关部门、完成措施需要的资源和计划完成的时间等。

■ 检查要点

1. 检查企业是否制定了管理评审制度，明确了实施的具体时间间隔、职责和要求等。

2. 检查企业实施管理评审的计划、纪录、报告，是否按制度实施，是否由最高管理者实施、是否在规定时间内进行。

3. 检查企业实施管理评审的纪录、报告，是否包括了对法规符合性的评价，是否提出了改进措施，改进措施是否予以评审和确认并落实。

■ 检查方法和技巧

可运用直接查看计划、纪录、报告的方法进行检查，也可查阅与现场查勘相结合的方式进行。调阅管理评审的计划、纪录、报告，查看是否按照规定的期限开展管理评审，查看记录内容是否是最高管理者组织，评审内容的输入、输出是否符合管理评审的要求，企业制定的纠正、预防措施是否评审和确认，现场查勘纠正、预防措施是否予以落实。

三、注意事项

1. 在检查本章节的内容时要注意与其他章节检查内容的衔接，提高现场检查的效率。如顾客投诉的处置、不良事件的评价、纠正预防措施的有效性评审都需要相关部门和人员共同参与，在检查时既要检查本章节程序文件规定内容的执行情况也同时检查"机构和人员"章节中是否明确有关的职责。

2. 检查企业内审、管理评审等方案或纪录时,为避免"纸上谈兵",要注重纠正预防措施评审和实施情况的检查,突出检查企业通过内审、管理评审后制定的纠正预防措施的实际落实情况,及时发现企业将内审、管理评审流于形式或走过场的情况。

 常见问题和案例分析

◎ 常见问题

1. 顾客投诉和处理

(1) 对顾客的投诉没有处理记录。

(2) 对顾客投诉未作分析和处理。

(3) 未对零星、口头的顾客要求(以口头订单、合同形式体现)进行记录、评审。

2. 数据收集、分析

(1) 没有规定收集分析、利用顾客满意程度信息的方法。

(2) 顾客满意度下降时,未采取改进措施。

(3) 数据分析发现问题时,未实施改进活动。

3. 纠正和预防措施

(1) 未建立纠正和预防措施程序。

(2) 未对实施的改进、纠正和预防措施进行记录。

(3) 采取预防措施的根据和原因未进行分析。

(4) 未对纠正、预防措施的实施进行评审。

(5) 未对实施的纠正和预防措施进行验证、确认。

4. 内审和管理评审

(1) 管理评审不是最高管理者亲自主持。

(2) 未进行内部审核策划或策划的内容不完整。

(3) 内部审核时未编制审核计划。

5. 不良事件监测和产品召回

(1) 未明确不良事件监测负责的部门和人员。

(2) 未明确不良事件、产品召回的报告时限或与法规规定的时限不一致。

（3）未在各部门工作职责中明确不良事件评价和处置、产品召回的职责。

（4）未在程序文件中规定医疗器械再评价启动的条件和程序。

（5）未在程序文件中规定医疗器械召回的启动条件和程序。

◎ **典型案例分析**

【案例一】　企业上年度末进行了顾客满意度调查，结果收回100多份回执，有3张问卷提出了外观破损的意见，还有几张提出了价格较贵等其他问题。查阅企业程序文件有数据分析程序，企业以工作较忙且顾客反应的问题均没有产品质量问题为托词，未进行统计分析，只是将顾客反映外观破损的产品进行了更换。

分析： 企业开展满意度调查，未按照数据分析程序进行统计分析，因而也就未得到任何有效的信息，从而就失去了调查的意义。顾客反映外观破损的产品进行了更换只是对顾客抱怨进行了纠正，未对顾客抱怨进行原因分析，也未采取纠正和预防措施，以消除产生的原因，防止再次发生。

【案例二】　查阅某企业成品库出库记录时发现有一项记载一套骨板骨钉产品出库，调阅发往地区发现为某市（经营公司）医疗机构，经追溯得知为提供给某一断板患者重新手术使用。查企业不良事件监测记录未有记录，也未报告，企业解释为该患者在医疗机构手术后断板，原因不详，企业按照医疗机构的要求，免费提供给患者，重新植入手术。

分析： 医疗器械不良事件应本着可疑即报的原则，断板已造成人员伤害并再次实施了手术，应属于严重伤害事件，按照法规规章的要求，企业应收集、记录并报告，同时企业还应进行分析、调查和评估。

【案例三】　某企业提交的某年度的一份管理评审记录和报告，记录显示管理评审会议由管理者代表组织，并且仅对最近的一次内审情况进行了总结。查阅该企业该年度管理评审计划仅为一次。

分析： 最高管理者应按照管理评审计划组织策划管理评审，对质量管理体系进行评价、审核，以确保其持续的适宜性、充分性和有效性。该企业管理者代表不是最高管理者，且仅对最近的一次内审情况组织评审，内容简单，未能对质量管理体系适宜性、充分性和有效性进行审核、评价。

四、思考题

1. 如何理解顾客投诉与不良事件的内在联系？

2. 举例说明纠正、纠正措施和预防措施的主要区别？

3. 实施内审和管理评审的主要目的是什么，二者的主要区别是什么？

参考文献

[1] 孟刚,王兰明.对我国医疗器械不良事件监测技术体系工作机制和能力的初步调查[J].中国医疗器械信息,2006,(4)24–25.

[2] 任红霞,高美叶,李芳.有效实施纠正预防措施促进质量体系持续改进[N].中国医药导报,2008.

[3] 陈光华.质量体系审核中常见的不合格项[J].世界标准化与质量管理,1995,9–10.

[4] YY/T 0287-2003/ISO13485:2003 医疗器械 质量管理体系用于法规的要求[S].2003.

[5] GB/T19000-2008 质量管理体系基础和术语[S].

[6] GB/T19001-2008 质量管理体系[S].

（梁长玲）